Sajjad Porgar

Introdução de software de conceção para permutadores de calor na indústria

Sajjad Porgar

Introdução de software de conceção para permutadores de calor na indústria

ScienciaScripts

Imprint

Any brand names and product names mentioned in this book are subject to trademark, brand or patent protection and are trademarks or registered trademarks of their respective holders. The use of brand names, product names, common names, trade names, product descriptions etc. even without a particular marking in this work is in no way to be construed to mean that such names may be regarded as unrestricted in respect of trademark and brand protection legislation and could thus be used by anyone.

Cover image: www.ingimage.com

This book is a translation from the original published under ISBN 978-620-8-01095-9.

Publisher:
Sciencia Scripts
is a trademark of
Dodo Books Indian Ocean Ltd. and OmniScriptum S.R.L publishing group

120 High Road, East Finchley, London, N2 9ED, United Kingdom
Str. Armeneasca 28/1, office 1, Chisinau MD-2012, Republic of Moldova, Europe
Printed at: see last page
ISBN: 978-620-8-12584-4

Introdução de software de conceção para permutadores de calor na indústria

Sajjad Porgar

Índice

<u>**Prefácio**</u>

Os permutadores de calor são os elementos mais utilizados nos processos químicos e podem ser vistos na maioria das unidades industriais. Transferem energia térmica entre dois ou mais fluidos a diferentes temperaturas. Esta operação pode ser efectuada entre líquido-líquido, gás-gás ou gás-líquido. Os permutadores de calor são utilizados para arrefecer um fluido quente, aquecer um fluido com uma temperatura inferior ou ambos.

Os permutadores de calor são utilizados numa vasta gama de aplicações. Estas aplicações incluem centrais eléctricas, refinarias, petroquímicas, indústrias transformadoras, de processamento, alimentares e farmacêuticas, indústrias de fundição de metais, aquecimento, ar condicionado, sistemas de refrigeração e aplicações espaciais. Os permutadores de calor são amplamente utilizados em vários dispositivos, tais como caldeiras, geradores de vapor, condensadores, evaporadores, torres de arrefecimento, pré-aquecedores de ventiloconvectores, refrigeradores e aquecedores de óleo, radiadores, fornos, etc.

Muitas indústrias estão activas na conceção de permutadores de calor e também são oferecidos muitos cursos em faculdades e universidades com diferentes nomes na conceção de permutadores de calor. Os cálculos relacionados com os conversores são uma tarefa longa e por vezes aborrecida. Por exemplo, a conceção de um conversor para uma determinada operação requer muitas suposições, que podem ser utilizadas para encontrar as dimensões de um conversor adequado de acordo com as normas. Mas com a utilização de programas informáticos, todos estes cálculos são efectuados pelo computador, e o projetista apenas necessita de introduzir as condições de funcionamento e as propriedades dos fluidos presentes na operação para o projeto. Entre eles estão os softwares Aspen B-jac e HTFS. Estes softwares incluem programas que têm a capacidade de efetuar tais cálculos.

Nesta investigação, em primeiro lugar, são dadas explicações sobre os permutadores de calor e os seus princípios de conceção e, em seguida, são apresentados e familiarizados vários softwares de conceção de conversores.

<u>**Classificação dos permutadores de calor**</u>

Os permutadores de calor podem ser classificados em diferentes aspectos:

- Com base no tipo e nível de contacto de fluido frio e quente
- Com base na direção do fluxo de fluido frio e quente
- Com base no mecanismo de transferência de calor entre dois fluidos frios e quentes
- Com base na estrutura mecânica e na estrutura dos conversores
- Com base no tipo e na superfície de contacto do fluido quente e frio

1- Permutadores de calor de tipo recuperativo

Neste conversor, o fluido quente e o fluido frio são separados um do outro por uma superfície sólida fixa e a transferência efectua-se através da referida superfície. A maior parte dos conversores existentes na indústria são desta categoria.

2- Permutadores de calor de tipo regenerativo

Neste conversor, a superfície de separação do fluido quente e frio não é fixa e partes da referida superfície são expostas ao movimento do fluido frio ou quente alternadamente. Estes tipos de conversores são maioritariamente utilizados em laboratório e à escala da investigação.

3- Permutadores de calor de contacto direto

Neste tipo de permutadores de calor, o fluido quente e o fluido frio estão em contacto direto (não existe qualquer parede entre os fluxos frio e quente) e a energia ou o calor é trocado. Nos conversores de contacto direto, os fluxos são dois líquidos imiscíveis ou um gás e um líquido. Estes conversores têm normalmente uma elevada eficiência térmica. Exemplos destes conversores são as torres de arrefecimento, os arrefecedores de água e os aquecedores de água de alimentação aberta em centrais eléctricas a vapor.

<u>**Com base na direção do fluxo de fluido frio e quente**</u>

Com base neste facto, os permutadores de calor dividem-se em três categorias principais:

A- Permutadores de calor de fluxo paralelo.

B- Permutadores de calor de fluxo não alinhado.

C - Permutadores de calor de fluxo perpendicular.

A- Permutadores de calor de fluxo paralelo

Neste tipo de conversores, o fluxo frio e o fluxo quente são paralelos entre si e a direção do fluxo do fluido quente e do fluido frio está de acordo uma com a outra. Ou seja, dois fluxos de fluido entram no conversor por uma extremidade e ambos fluem na mesma direção e saem pela outra extremidade. O que deve ser tido em conta é que a temperatura do fluido frio que sai do conversor nunca atinge a temperatura do fluido quente que sai. A aproximação do valor numérico das duas temperaturas mencionadas requer a utilização de uma superfície efectiva de transferência de calor muito grande.

B- Permutadores de calor de fluxo não alinhado

Na situação em que o fluxo de fluido quente e frio é paralelo um ao outro e em sentido oposto, o conversor é designado por fluxo não alinhado. Deve notar-se que, nestes tipos de conversores, existe a possibilidade de aumentar a temperatura do fluido frio que sai em comparação com a do fluido quente que sai. Sob as mesmas condições, estes conversores têm um nível de transferência de calor inferior ao dos conversores paralelos.

C- Permutadores de calor de fluxo perpendicular

Neste tipo de conversores, as direcções dos fluxos frio e quente são perpendiculares entre si. O exemplo mais comum é o radiador de um automóvel. Numa disposição de fluxo cruzado, é designado por fluxo misto ou não misto, dependendo da conceção. O fluido no interior dos tubos não é misturado porque não lhe é permitido mover-se na direção transversal. O fluido exterior é misto nos tubos sem alhetas porque existe a possibilidade de escoamento transversal do fluido ou da sua mistura, e é não-misto nos tubos com alhetas porque a presença de alhetas impede o seu escoamento numa direção perpendicular à direção do escoamento principal.

Com base no mecanismo de transferência de calor entre fluido frio e quente

De acordo com o mecanismo de transferência de calor, os permutadores de calor podem ser classificados da seguinte forma

1- Deslocação de uma fase nos dois sentidos.

2- Deslocação de uma fase de um lado, deslocação de duas fases do outro lado.

3- Deslocação de duas fases em ambos os lados.

Nos permutadores de calor, tais como economizadores (permutadores em que o fluido passa de condições de líquido saturado para condições de líquido saturado) e aquecedores de ar em caldeiras a vapor, arrefecedores intermédios em compressores de várias fases, radiadores de automóveis, geradores, arrefecedores de latas de óleo, aquecedores utilizados no aquecimento de ambientes, etc., em ambos os lados do fluido frio e quente, a transferência de calor ocorre através de uma mudança de fase. Condensadores, caldeiras de vapor e geradores de vapor em reactores de água pressurizada em centrais nucleares, evaporadores e radiadores utilizados em ar condicionado e aquecimento têm mecanismos de condensação e ebulição num dos níveis do permutador de calor. Além disso, a transferência de calor bifásica pode ocorrer em ambos os lados do permutador, como numa situação em que a condensação ocorre num lado e a ebulição no outro lado da superfície de transferência de calor. No entanto, sem mudança de fase, também é possível ter uma forma de transferência de calor de fluxo bifásico, como leitos fluidos, uma mistura de gás e partículas sólidas, transferindo calor para ou de uma superfície térmica.

Os permutadores de calor de tipo contacto indireto (permutadores com transferência de calor através da parede) são frequentemente descritos em termos das suas caraterísticas estruturais. Os principais tipos de classificação com base na sua estrutura mecânica e estrutura incluem tubular, placa e superfície alhetada.

1- Permutador de calor de tubo duplo

Estes conversores são constituídos por tubos com uma secção transversal circular. Um fluido circula no interior dos tubos e o outro fluido circula no exterior do tubo. O diâmetro, o número, o comprimento, o passo e a disposição dos tubos podem ser alterados. Por conseguinte, existe uma flexibilidade considerável na sua conceção.

Os permutadores de calor tubulares podem ser classificados do seguinte modo

A- Tubo duplo

B- Concha e tubo

C- Tubo em espiral

A- Permutadores de calor de tubo duplo

Os permutadores típicos de dois tubos consistem num tubo colocado concentricamente dentro de outro tubo de maior diâmetro com ligações adequadas para dirigir o fluxo de uma secção para outra. Os permutadores de calor de dois tubos podem ser dispostos em várias séries e em paralelo para satisfazer a queda de pressão e a diferença de temperatura média desejadas. A principal utilização dos permutadores de dois tubos é para o aquecimento e arrefecimento percetível de fluidos de processo em que são necessários pequenos níveis de transferência de calor (até 50). Esta configuração também é adequada quando um ou ambos os fluidos quente e frio estão sob alta pressão. A principal desvantagem destes conversores é o facto de a quantidade de transferência de calor por unidade de nível de calor ser baixa. Por outras palavras, são grandes e caros para uma capacidade térmica específica. Se o coeficiente de transferência de calor para o fluido de passagem no espaço entre o tubo interior e o exterior for pequeno, pode ser utilizado o tubo interior (ou tubos) com alhetas longitudinais.

B- Permutadores de calor de casco e tubo

Os permutadores de casco e tubos são constituídos por tubos de secção transversal circular instalados em grandes cascos cilíndricos, de modo a que o eixo dos tubos seja paralelo ao eixo do casco. Estes conversores são amplamente utilizados como refrigeradores de óleo, condensadores e pré-aquecedores em centrais eléctricas e como geradores de vapor em centrais nucleares e em aplicações na indústria química e de processamento.

Nos permutadores com deflectores (lâminas e placas de orientação do fluxo), o fluxo no lado do casco é dirigido transversalmente com os tubos entre dois deflectores adjacentes, e enquanto é transferido da distância entre os dois deflectores para a distância seguinte, paralelamente aos tubos são orientados. Dependendo da aplicação dos permutadores de calor de casco e tubo, existe uma grande diferença na sua forma e construção.

Os principais objectivos de conceção destes conversores são ter em conta a expansão térmica do invólucro e dos tubos, a facilidade de limpeza do conjunto e, se outros aspectos não forem importantes, o método menos dispendioso de os fabricar.

Nos permutadores de calor de casco e tubos de chapa tubular fixa, o casco é soldado à chapa tubular e não há acesso ao exterior do tubo para limpeza. É uma escolha de baixo custo com expansão térmica limitada que pode ser ligeiramente aumentada por lanternas de expansão. Neste tipo de conversor, a limpeza dos tubos é simples.

 Os permutadores de calor de casco e tubos com um feixe tubular em forma de U têm a construção mais económica, uma vez que apenas é necessária uma placa tubular. A superfície interna dos tubos não pode ser limpa por meios mecânicos devido à curvatura acentuada em forma de U. Nestes conversores é utilizado um número par de passagens de tubos, mas não há limite em termos de expansão térmica.

São utilizadas diferentes disposições de fluxo do lado do casco e do lado do tubo, dependendo da capacidade térmica, da queda de pressão, do nível de pressão, da formação de incrustações, das práticas de fabrico e de custos, do controlo da corrosão e das questões de limpeza. Os deflectores são utilizados para aumentar o coeficiente de transferência de calor no lado do casco e para fixar os tubos. Os permutadores de casco e tubos são concebidos de acordo com as necessidades, para qualquer capacidade e condições de funcionamento. Esta caraterística dos conversores de casco e tubos é diferente de muitos outros tipos de conversores.

C- Permutadores de calor de tubos em espiral

Estes conversores incluem bobinas que são enroladas em espiral e colocadas numa concha, ou condensadores concêntricos e evaporadores concêntricos que são utilizados em sistemas de refrigeração. O coeficiente de transferência de calor é mais elevado no tubo em espiral do que no tubo reto. Estes permutadores são adequados para expansão térmica e fluidos limpos, porque são quase impossíveis de limpar.

- Permutadores de calor de placas

Os permutadores de calor de placas são constituídos por placas finas que formam canais de fluxo. Os fluxos de fluido são separados por placas planas ou onduladas. Estes permutadores são utilizados para transferir calor entre fluxos de gás, de líquido ou de duas fases. Estes conversores podem ser classificados da seguinte forma:

A- Placa de vedação

B- Placa em espiral

C- Lamela

A- Permutadores de calor de placas com juntas

Os permutadores de placas com juntas consistem num conjunto de placas finas com uma superfície ondulada ou ondulada que separa os fluidos quentes dos frios. As placas têm peças nos cantos que estão dispostas de forma a que os dois materiais que necessitam de trocar calor entre si fluam um através do espaço das placas. A conceção e as juntas adequadas permitem que um conjunto de placas seja mantido unido por parafusos que atravessam a primeira e a última placas. As juntas evitam fugas e direcionam os fluidos nas placas para a forma desejada. A forma do fluxo é geralmente escolhida de modo a que os fluxos de fluidos sejam opostos um ao outro. Os permutadores de placas estão normalmente limitados a um fluxo de fluido com uma pressão inferior a 25 bar e uma temperatura inferior a cerca de 250 graus Celsius. A forte corrente de Foucault faz com que os coeficientes de transferência de calor e a queda de pressão sejam grandes, para além da grande tensão de cisalhamento local, o que reduz a formação de sedimentos. Estes permutadores criam uma superfície de transferência de calor relativamente compacta e leve. A sua temperatura e pressão são limitadas devido aos pormenores de construção e vedação. Estes transdutores são facilmente limpos e esterilizados, uma vez que podem ser completamente abertos e separados uns dos outros, pelo que são amplamente utilizados na indústria alimentar.

B- Permutadores de calor de placas em espiral

Os transdutores de placa helicoidal são formados pela torção de duas placas longas e paralelas em forma de hélice usando uma haste principal e soldando as bordas das placas adjacentes para formar um canal. A distância entre as placas de metal em ambos os canais helicoidais é mantida utilizando pinos espaçadores que são soldados à placa de metal. O comprimento dos pinos espaçadores pode variar entre 5 e 20 mm. É por isso que, dependendo do caudal, podem ser escolhidas diferentes distâncias para o canal. Isto significa que são alcançadas condições ideais de fluxo e, portanto, os menores níveis de aquecimento possíveis.

Em cada uma das duas trajectórias helicoidais, é criado um fluxo secundário que aumenta a transferência de calor e reduz a formação de sedimentos. Estes conversores são bastante compactos, mas devido à sua construção especial, são relativamente caros.

O nível de transferência de calor para estes conversores situa-se na gama de 0,5 a 500. A pressão máxima de funcionamento (até 15 bar) e a temperatura de funcionamento (até 500 graus Celsius) são limitadas nestes conversores.

Os permutadores de calor em espiral são especialmente utilizados na aplicação de fluidos lamacentos, fluidos viscosos e fluidos com partículas sólidas em suspensão, incluindo partículas grandes e fluxo bifásico líquido-sólido. Os conversores helicoidais são fabricados em três tipos principais que diferem em termos de ligações e disposições de fluxo.

C- permutadores de calor de lamelas

Os permutadores de calor de lamelas incluem um conjunto de canais feitos de placas metálicas finas que são soldadas em paralelo ou sob a forma de lamelas (tubos planos ou canais rectangulares) que são colocadas longitudinalmente num casco. Este permutador é uma forma modificada de permutadores de calor de casco e tubo com uma placa tubular flutuante, tubos achatados, também designados por lamelas, a partir de duas placas estreitas que são cortadas e soldadas entre si por pontos numa operação contínua. ou são cosidas, é fabricado. A forma especial das placas finas cria o espaço no interior das lamelas e as saliências sobressaem para o exterior, que são utilizadas como espaçadores, entre as lamelas, para criar secções de fluxo no lado do invólucro. As lamelas são soldadas em ambas as extremidades através da colocação de varões de aço no meio das mesmas.

O tamanho das barras de aço depende da distância necessária entre as lamelas. Ambas as extremidades do cabo da lamela são ligadas à tampa do canal por soldaduras periféricas, que por sua vez é soldada aos bocais de entrada e de saída na extremidade exterior. Assim, o lado da lamela é completamente selado pelas soldaduras.

As superfícies entre as lamelas são adequadas para a limpeza química, pelo que os fluidos incrustantes devem fluir no lado do casco. O fluxo do lado do casco é geralmente uma passagem à volta das placas e flui longitudinalmente no espaço entre os canais. Não existem deflectores no lado do casco e, por conseguinte, os permutadores de lamelas podem ser considerados como verdadeiras disposições de contra-fluxo. Devido à elevada turbulência do fluxo, à distribuição uniforme do fluxo e às superfícies lisas, as lamelas não são facilmente depositadas.

A pega do ecrã pode ser facilmente removida para inspeção e limpeza. Esta conceção tem capacidade para suportar pressões até 35 bar e temperaturas até 200 graus Celsius para juntas de Teflon e 500 graus Celsius para juntas de amianto.

- Permutadores de calor com superfícies alhetadas

Os permutadores de calor com superfícies alhetadas têm alhetas ou acessórios na superfície principal (tubo ou placa) de transferência de calor, de modo a aumentar esta superfície. Uma vez que o coeficiente de transferência de calor no lado do gás é muito menor do que no lado do líquido, as superfícies de transferência de calor com alhetas são utilizadas no lado do gás para aumentar as superfícies de transferência de calor. As alhetas são amplamente utilizadas em permutadores de calor gás-gás ou gás-líquido quando o coeficiente de transferência de calor é pequeno num ou em ambos os lados e são necessários permutadores de calor compactos. Os dois tipos mais comuns de permutadores de calor de placas com alhetas são:

A- Permutadores de calor de placas de alhetas

B- Permutadores de calor de tubos finos

A- Permutadores de calor de placas de alhetas

Os permutadores de placas de palhetas são principalmente utilizados para aplicações gás-gás e os permutadores de tubos com alhetas são utilizados para aplicações gás-líquido. Na maioria das aplicações (camiões, automóveis e aviões), a redução da massa e do volume do conversor é de particular importância. Devido a esta redução de volume e peso, os permutadores de calor compactos são também amplamente utilizados em refrigeração criogénica, recuperação de energia, indústrias de processo, sistemas de refrigeração e ventilação.

As correntes de fluido são separadas por placas planas entre as quais são colocadas palhetas onduladas. Estas podem ser dispostas em diferentes formas, de acordo com os fluxos de fluido. Estas unidades muito compactas têm um nível de transferência de calor de cerca de 2000 por unidade de volume. As placas têm geralmente uma espessura de 0,5 a 1 mm e as palhetas têm uma espessura de 0,15 a 0,75 mm. Todo o conversor é feito de liga de alumínio e os diferentes componentes são soldados entre si num banho de sal ou num forno de vácuo.

As chapas onduladas colocadas entre as placas planas criam uma maior superfície de transferência de calor e fornecem suporte para as placas planas. São utilizadas muitas formas diferentes de chapas onduladas nestes conversores, mas as mais comuns são: palheta simples, palheta simples perfurada, palheta dentada ou em congresso, palheta axadrezada ou palheta ondulada.

Ao utilizar palhetas que não são contínuas na direção do fluxo, as camadas limite são completamente quebradas e perturbadas, se a superfície tiver ondas na direção do fluxo, as camadas limite tornam-se finas ou são interrompidas, o que resulta em coeficientes maiores. A transferência de calor e a queda de pressão são maiores.

Os canais de escoamento nos conversores de placas aletadas são pequenos, o que significa que a velocidade mássica do escoamento neles deve ser também pequena (10 a 300) para evitar queda de pressão adicional. Esta questão torna o canal suscetível à formação de sedimentos, considerando que estes permutadores não podem ser limpos mecanicamente, a utilização destes permutadores de placas com alhetas é exclusiva para fluidos limpos. São amplamente utilizados para fins de condensação em unidades de liquefação de ar.

Permutadores de placas aletadas para utilização em turbinas a gás, centrais eléctricas convencionais e nucleares, engenharia de propulsão (aviões, camiões e automóveis), refrigeração, aquecimento, ventilação e ar condicionado, sistemas de recuperação de calor em excesso, indústrias químicas e de refrigeração Foram criados dispositivos electrónicos.

B- Permutadores tubulares com alhetas

Estes transdutores são constituídos por um conjunto de tubos com alhetas fixadas no exterior. As alhetas no lado exterior dos tubos podem ser perpendiculares ao eixo dos tubos, oblíquas ou em espiral relativamente ao eixo, ou longitudinais (axiais) ao longo do eixo do tubo. As alhetas longitudinais são normalmente utilizadas em conversores de dois tubos ou de casco e tubo que não têm deflectores.

Os tubos com secções redondas, rectangulares ou elípticas são geralmente utilizados nos conversores de tubos com alhetas. As alhetas são fixadas ao tubo por brasagem, brasagem, soldadura, extrusão, encaixe mecânico, torção por tração, etc. Estes conversores são normalmente utilizados em sistemas de aquecimento, ventilação, refrigeração e ar condicionado. As superfícies internas do lado do tubo são geralmente utilizadas em condensadores e evaporadores de sistemas de refrigeração. Os condensadores arrefecidos a ar e as caldeiras de recuperação são permutadores de calor de tubos alhetados que consistem num feixe horizontal de tubos em que o ar ou o gás é soprado através dos tubos e os intersecta no exterior, ocorrendo a condensação ou ebulição no interior dos tubos.

Princípios de conceção dos permutadores de calor

O projeto para a preparação de um sistema de engenharia, uma parte dele ou apenas um componente do sistema, está numa posição muito elevada. A descrição de um sistema de engenharia expressa as caraterísticas importantes da estrutura do sistema, o tamanho do sistema, o desempenho do sistema e outras caraterísticas que são muito importantes para a construção e operação. Esta questão pode ser concretizada através da utilização de métodos e princípios de conceção.

A partir da formulação da perspetiva desta atividade, é evidente que o método de conceção tem uma estrutura complexa e, afinal, o método de conceção de um permutador de calor como componente deve ser compatível com a conceção do ciclo de vida de um sistema. A conceção do ciclo de vida pressupõe as seguintes considerações:

- Formulação do problema (incluindo a interação com o cliente).
- Desenvolvimento do conceito (seleção de desenhos, conceção inicial).
- Conceção exacta do conversor (efetuar todos os cálculos de conceção e ter em conta todas as considerações).
- Construção e produção.
- Considerações operacionais (funcionamento, disponibilidade, desgaste, etc.).

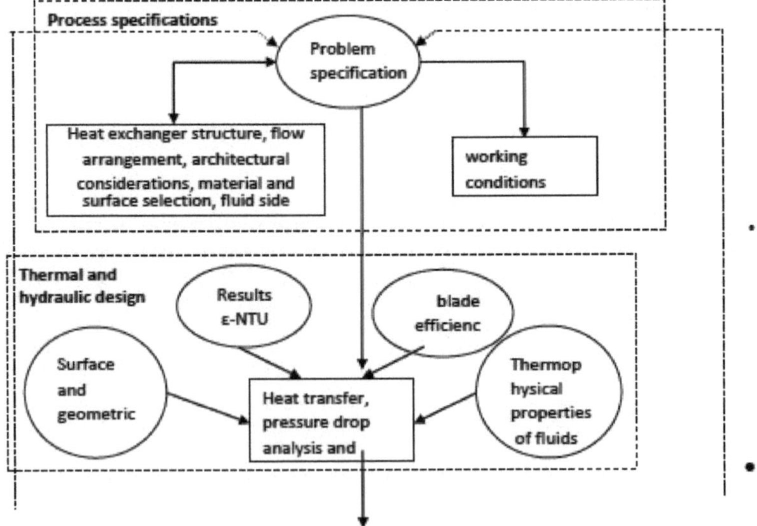

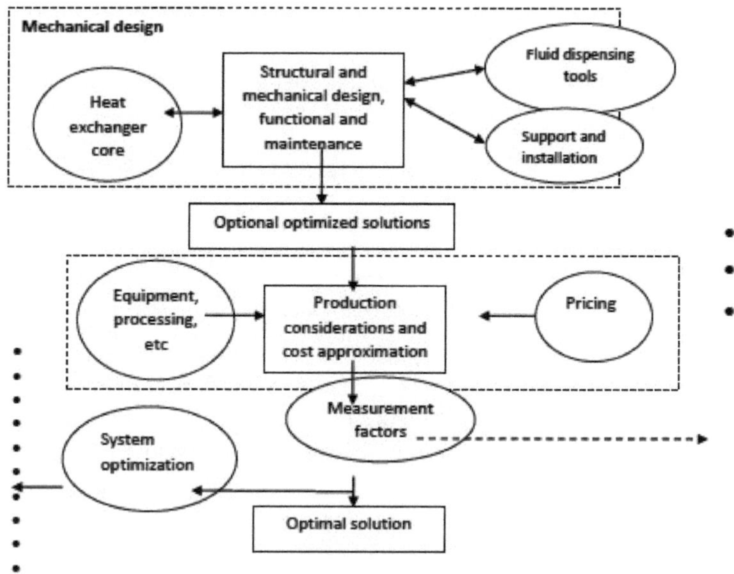

Figura 1- Método e princípios de conceção do permutador de calor

Na primeira fase, um engenheiro deve determinar as especificações do equipamento e os objectivos gerais da conceção do sistema, que devem basear-se numa compreensão adequada das necessidades do cliente. Se a questão for corretamente formulada e o engenheiro avaliar todos os componentes da conceção do sistema e considerar uma ou mais soluções práticas de conceção, então, com base nesta análise e avaliações, poderá fazer medições precisas, estimar os custos e fazer optimizações, o que permitirá obter a melhor solução para a conceção a propor. Da mesma forma, as considerações de engenharia de projeto, tanto de fabrico como de produção, devem ser tidas em conta. As questões relacionadas com o arranque, o transporte, o funcionamento em condições estáveis e, eventualmente, o desgaste e a eventual reciclagem também devem ser consideradas pelo engenheiro de projeto. Considerando todos os casos, a equipa de conceção tenta satisfazer todas as necessidades, simula todas as restrições possíveis e repete os vários passos várias vezes até que não haja mais problemas e todas as exigências sejam satisfeitas. No âmbito destas actividades, é criado um método de conceção especial.

A Figura 1 apresenta uma metodologia para a conceção de um permutador de calor. Este projeto foi realizado por Keyes e London (1998), Taborek

(1988) e Shah (1982) para permutadores de calor compactos. Este processo de conceção pode ser considerado como um caso de estudo.

Os princípios e métodos de conceção dos permutadores de calor incluem o seguinte:

- Determinação das especificações do processo e da conceção
- Conceção térmica e hidráulica
- Conceção mecânica
- Cálculos de custos e de construção
- Factores de medição e otimização do sistema

O cálculo dos itens acima referidos está, na sua maioria, relacionado entre si e afecta-se mutuamente, devendo ser considerado ao mesmo tempo para se obter uma conceção óptima, podendo mesmo ser repetido várias vezes antes da conceção, para que não ocorram problemas. O método e a metodologia globais de conceção são um processo muito complexo, porque devem ser tidas em conta muitas considerações qualitativas e quantitativas e, afinal, deve ser aplicada uma precisão suficiente nos cálculos quantitativos. Também deve ser realçado que, dependendo da aplicação específica, algumas considerações de conceção devem ser aplicadas durante o processo, mas esta necessidade não inclui todas as anteriores. Em seguida, estas considerações gerais serão explicadas com mais pormenor.

1. Determinação das especificações do processo e do projeto

As especificações e caraterísticas do processo podem ser consideradas um dos passos mais importantes na conceção de um permutador de calor. Um engenheiro de conceção de um permutador de calor pode definir caraterísticas inteligentes para um permutador de calor em cooperação com um engenheiro de conceção de sistemas e criar um sistema optimizado. É necessário especificar todas as caraterísticas e especificações de forma inteligente, com base nas necessidades do cliente, nas normas industriais e na experiência do engenheiro de projeto.

As especificações do projeto e do processo incluem todas as informações necessárias e requeridas para o projeto e otimização do permutador de calor, de modo a que possa ser utilizado para um projeto específico. Esta informação inclui o seguinte: especificações do problema para as condições de trabalho, tipo de estrutura do conversor, disposição das correntes, materiais utilizados na construção do conversor, limitações de construção, código de construção, segurança e proteção.

Afinal, o projeto do permutador de calor e o seu engenheiro de projeto devem envidar todos os esforços para reduzir ao mínimo as especificações de entrada necessárias.

A- Especificações do problema

A especificação do problema é a primeira e mais importante consideração que constitui a base do projeto e, em seguida, a análise do desempenho é feita nas condições do projeto. A especificação do problema inclui a determinação de elementos como os parâmetros do processo, as condições de funcionamento e o ambiente em que o permutador de calor é suposto ser utilizado. Os parâmetros de projeto incluem a determinação do caudal mássico do fluido (incluindo os tipos de fluidos e as suas caraterísticas termofísicas), as temperaturas e pressões de entrada, as intensidades de fluxo, a composição do fluido, a qualidade do vapor, a carga térmica, a perda de carga admissível, as flutuações de temperatura e a pressão de entrada. Devido a alterações nos parâmetros do processo ou do ambiente, parâmetros como a dimensão global, a humidade, as propriedades corrosivas e de sedimentação do fluido, as limitações de conceção (incluindo o custo, os materiais a utilizar, a disposição do fluxo, os tipos de permutadores de calor), as condições do ambiente de funcionamento (incluindo a segurança, a erosão, o nível de temperatura e os efeitos ambientais).

Os factores a ter em conta incluem:

- Condições meteorológicas: temperatura ambiente mínima, quantidade de precipitação (chuva, neve, granizo) e humidade
- Ambiente operacional: proximidade do mar, deserto, zonas continentais, zonas sísmicas, ventosas e poeirentas
- Mapa do local: proximidade de edifícios ou de outro equipamento de aquecimento e refrigeração, direção predominante do vento, comprimento e quantidade de tubagem necessária, etc.

Se forem consideradas demasiadas restrições, o projeto pode não ser prático e, nesse caso, é necessário ponderar entre diferentes parâmetros, leves e pesados. O projetista do permutador de calor e o engenheiro de conceção do sistema devem escolher as melhores especificações para o sistema em cooperação.

B- Caraterísticas do permutador de calor

Ao determinar as caraterísticas do problema e com base nas informações e experiências do engenheiro de projeto, a estrutura do conversor e a disposição do fluxo são selecionadas em primeiro lugar. A escolha do tipo de estrutura depende dos seguintes parâmetros:

1- Fluidos (gás ou líquido ou evaporação ou condensação de um fluido).

2- Temperaturas e pressões de funcionamento.

3- massa de obstrução, corrosividade e compatibilidade do fluido com os materiais utilizados.

4- A quantidade de fugas admissíveis do sistema.

5- O custo e as tecnologias disponíveis para construir um permutador de calor.

A seleção de uma disposição específica do fluxo de fluido depende da eficácia do conversor, do tipo de estrutura do conversor, dos canais a montante e a jusante do conversor, da tensão admissível e de outros critérios e limitações do projeto. A localização do permutador de calor, a localização dos tubos de entrada e de saída e outros aspectos podem ser determinados pelo sistema, que pode, naturalmente, ser modificado tendo em conta o espaço disponível e as condutas efectuadas.

Na segunda etapa, a geometria da superfície ou do centro e os materiais de construção devem ser selecionados. A geometria central (como o tipo de casco, o número de condutas, a geometria dos deflectores, etc.) é escolhida para um permutador de casco e tubos, enquanto a geometria da superfície é escolhida para um permutador de placas, com superfícies alhetadas e recuperação de calor. Existem muitos critérios quantitativos e qualitativos para selecionar o nível. Os critérios qualitativos para a seleção da superfície incluem: temperatura e pressão de funcionamento, experiência e discernimento do projetista, corrosão, sedimentos e obstrução, erosão, poluição do fluido, custo, disponibilidade de superfícies, fabrico e produção, requisitos de manutenção, fiabilidade e segurança. . No caso dos permutadores de calor de casco e tubos, os critérios considerados para a escolha da geometria central ou da disposição central são: desempenho da transferência de calor com a queda de pressão determinada, pressões e temperaturas de funcionamento, tensões compressivas e térmicas devidas a possíveis assentamentos no processo, caraterísticas de corrosividade do fluido, entupimento, capacidade de limpeza, limitação dos problemas do processo (vibração mínima admissível devido ao fluxo), segurança, custo de construção e manutenção e reparações. Além disso, o fator mais importante a considerar é se o fluido circula no lado do casco ou no lado do tubo. No permutador de casco e tubo, o fluido no interior do tubo é selecionado de forma a ter maior precipitação, maior pressão, maior corrosão, menor viscosidade e coeficiente de transferência de calor.

2- Conceção térmica e hidráulica

O projeto térmico e hidráulico dos permutadores de calor inclui a determinação da quantidade de transferência de calor e a avaliação da queda de pressão ou dimensionamento do permutador.

Conceção térmica

A conceção térmica envolve a simples determinação dos coeficientes de transferência de calor do fluido em ambos os lados para obter o coeficiente de transferência de calor no caso de não haver massa retida (U). Ao considerar um valor razoável para o coeficiente de massa de bloqueio, obtém-se o coeficiente global de transferência de calor (U_d), de acordo com o qual e utilizando a equação $q = U_d A \Delta T$, será determinado o nível requerido.

Para o projeto térmico ou para prever o desempenho de um permutador de calor, devem ser obtidas relações entre a taxa global de transferência de calor e grandezas como as temperaturas de entrada e saída do fluido, o coeficiente global de transferência de calor e a área da superfície de transferência de calor, que podem ser obtidas aplicando o balanço global de energia para dois fluidos, obtendo duas relações.

Por exemplo, se q for a taxa global de transferência de calor entre o fluido quente e o fluido frio e a transferência de calor entre o permutador de calor e o ambiente e as variações de energia cinética e potencial forem negligenciáveis, aplicando o balanço energético, o resultado é

$$q = \dot{m}_h (h_{h,i} - h_{h,o}) \tag{1}$$

$$q = \dot{m}_c (h_{c,i} - h_{c,o}) \tag{2}$$

em que h é a entalpia do fluido, os índices h, c referem-se ao fluido frio e ao fluido quente, enquanto i, o especificam as condições de saída e de entrada. Se não houver mudança de fase em nenhum dos fluidos e se o calor específico for considerado constante, as relações acima serão as seguintes

$$q = \dot{m}_h c_{p,h} (T_{h,i} - T_{h,o}) = \dot{m}_c c_{p,c} (T_{c,i} - T_{c,o}) \tag{3}$$

As temperaturas que aparecem nestas equações são as temperaturas médias nas respectivas secções.

A equação de transferência de calor pode ser apresentada da seguinte forma, em que a diferença de temperatura média ao longo do comprimento do permutador substitui a diferença de temperatura do fluido quente e frio numa secção: (a diferença de temperatura média ao longo do comprimento do permutador.

$$q = UA\Delta T_m \tag{4}$$

Conceção hidráulica

Como mencionado, o projeto hidráulico inclui a avaliação da queda de pressão e o dimensionamento do conversor. A principal razão para a queda de pressão nos permutadores de calor é o atrito causado pelo fluxo de fluidos no interior do tubo e do invólucro do permutador. O atrito causado pela expansão e contração súbitas ou pela inversão da direção do fluxo também provoca uma queda de pressão. As alterações na energia cinética também podem afetar a queda de pressão, mas estes efeitos são relativamente pequenos e podem ser ignorados na maioria dos cálculos de projeto.

A- Problemas relacionados com a conceção térmica do permutador de calor

Do ponto de vista da análise quantitativa, existem vários problemas no projeto de permutadores de calor. Os problemas de classificação e medição são dois dos mais simples e mais importantes destes problemas.

Problema de classificação

A determinação do desempenho da transferência de calor e da queda de pressão de um conversor existente ou de um conversor cujas dimensões já foram determinadas é chamada de problema de classificação. Os dados de entrada para o problema incluem: estrutura do permutador de calor, disposição do fluxo, dimensões do projeto, detalhes completos do material e geometria da superfície em ambos os lados, incluindo a queda de pressão e as caraterísticas de transferência de calor escalar, relações de fluxo de fluido, temperaturas de entrada e factores de incrustação.

A temperatura de saída do fluido, a relação de transferência de calor e a queda de pressão em cada lado do permutador de calor também devem ser consideradas. O problema de classificação é por vezes conhecido como problema de desempenho ou de simulação.

O problema da medição

Em termos gerais, o projeto de um novo permutador de calor significa a seleção e a determinação dos tipos de estrutura do permutador, a disposição do fluxo, a seleção dos materiais das alhetas e das placas e a dimensão física do permutador para satisfazer a transferência de calor especificada e a queda de pressão admissível. De qualquer modo, na questão do dimensionamento de um permutador de calor com superfícies alhetadas, devem ser determinadas as dimensões físicas (incluindo o comprimento, a largura, a altura e a área da secção transversal de cada lado) do permutador de calor e, no caso dos permutadores de casco e tubo, a questão do dimensionamento refere-se à determinação do tipo de casco, diâmetro e comprimento, número e diâmetro dos tubos, disposição dos tubos, disposição das passagens (passagem dos tubos) e coisas semelhantes.

B- Métodos básicos de conceção térmica e hidráulica

Com base no número de variáveis relacionadas com a análise do permutador de calor, são formulados grupos dependentes e independentes sem dimensão. As relações entre grupos adimensionais ou escalares são determinadas para diferentes disposições de fluxo. Com base na seleção de grupos adimensionais, foram utilizados vários métodos para o projeto. Estes métodos incluem ε-NTU, p-NTU, fator de correção MTD e outros métodos. Como se mostra na Figura 1, as entradas para o processo térmico e hidráulico incluem a transferência de calor à superfície e as caraterísticas de desgaste do escoamento, as caraterísticas geométricas, as caraterísticas termofísicas dos fluidos e as caraterísticas do projeto e do processo.

C- As caraterísticas básicas da superfície

As caraterísticas básicas da superfície para cada lado do fluido são denotadas por j ou Nu e f. Além disso, o coeficiente de transferência de calor com h, a queda de pressão com, o rácio do fluxo de massa do fluido com, a velocidade de massa do fluido com G. Uma especificação básica precisa e válida da superfície é um dado fundamental para o projeto térmico e hidráulico do conversor.

D- caraterísticas geométricas da superfície

Para a análise da transferência de calor e da queda de pressão, as caraterísticas geométricas mínimas da superfície de transferência de calor necessárias para cada uma das faces de um permutador de calor de dois fluidos são: a área livre de fluxo mínimo, a superfície frontal central Afr e a área da superfície de transferência de calor A, que inclui A área das duas partes principais e as palhetas é o diâmetro hidráulico Dh e o comprimento do fluxo L. Essas quantidades são calculadas adotando a superfície de transferência de calor e o núcleo. Para a parte do casco do permutador de calor de casco e tubo, a área de várias passagens de fluxo também é necessária.

E- Caraterísticas termofísicas

Para a conceção térmica e hidráulica, são necessárias as seguintes caraterísticas termofísicas para os fluidos: viscosidade dinâmica μ, densidade ρ, calor específico cp e coeficiente de condutividade térmica k. Para a parede, são também necessários o coeficiente de condutividade térmica dos materiais utilizados e o seu calor específico.

F- Resolução de problemas de conceção térmica e hidráulica

As soluções para os problemas de rácio e medição são de natureza numérica e computacional. Todos os dados experimentais relacionados com a transferência de calor e as caraterísticas de erosão do fluido e outras caraterísticas permanentes são necessários para os cálculos. Devido à complexidade dos cálculos, estes processos são frequentemente calculados utilizando programas de computador e software especial. Uma vez que existem muitas variáveis geométricas e situações que dependem das condições de trabalho no problema de medição, é discutida a questão da formulação da melhor solução de projeto (escolha dos valores destas variáveis e parâmetros) entre todas as soluções possíveis que satisfaçam os critérios de desempenho e de projeto. Esta exigência só pode ser realizada através da aplicação de técnicas de otimização do cálculo após a determinação da dimensão inicial, a fim de otimizar os objectivos de conceção do permutador de calor no âmbito das restrições impostas.

3- Conceção mecânica

Para garantir que o permutador de calor mantenha as suas condições em condições estáveis, durante o transporte, durante o arranque temporário ou a longo prazo do sistema e a sua paragem em condições de meia carga durante o tempo de funcionamento, é necessário efetuar um projeto mecânico. a ser O permutador é composto por elementos de permuta de calor (núcleo ou matriz em que ocorre a transferência de calor) e elementos de distribuição de fluido (tais como cabeçalhos, válvulas, tanques, bocais de entrada e saída, tubos, vedantes). O projeto mecânico e estrutural deve ser feito para cada elemento. É igualmente necessário recordar que a conceção estrutural do permutador de calor é de particular importância.

O núcleo do permutador de calor é concebido tendo em conta a resistência das estruturas necessárias. Para conceber a estrutura, devem ser tidos em consideração factores como a temperatura, a pressão, a corrosividade ou a reação química dos fluidos com os materiais de construção. Devem ser tidos em consideração os cálculos relacionados com a tensão térmica e compressiva para determinar a espessura de peças importantes nos conversores, tais como palhetas, placas, casco e placas de tubos. Uma forma de escolher os materiais e métodos de ligação corretos (como soldadura, solda, rebitagem e brasagem) é ter em atenção a temperatura, a pressão, o tipo de fluidos, a possível corrosão e entupimento, a vida útil do projeto e outras questões.

Do mesmo modo, devem ser utilizadas técnicas de ligação corretas para ligações de tubos a colectores (cabeças de válvulas), ligações de tubos a placas de tubos, juntas de expansão, flanges utilizadas e outros elementos. Estes métodos de ligação são normalmente selecionados antes da análise térmica e hidráulica. Nesta fase, deve ter-se cuidado com as questões funcionais do dispositivo. Os cálculos de tensão térmica e de fadiga também devem ser efectuados para estimar a vida útil do permutador de calor para o período de arranque e de paragem. No fim de contas, algumas questões comerciais que parecem menos óbvias devem ser cuidadosamente consideradas.

É igualmente necessário efetuar as inspecções e verificações necessárias para minimizar as vibrações causadas pelo fluxo de fluido, uma vez que estas vibrações provocam fenómenos como a fadiga, a corrosão e outros semelhantes. O caudal do fluido deve ser verificado para minimizar o desgaste, a corrosão e o entupimento. Nesta fase, é necessário prestar muita atenção aos problemas funcionais e eliminá-los, se existirem. Entre estes problemas, podem ser mencionados o congelamento e a instabilidade.

A conceção correta das ferramentas de distribuição de fluidos (incluindo válvulas, tanques de armazenamento, colectores, bocais e tubos de entrada e saída) deve ser feita para além do núcleo do permutador de calor, a fim de garantir que nenhum dos casos de corrosão e fadiga ocorra durante o funcionamento do permutador de calor. Estes não são considerados como um problema especial.

O permutador de calor pode ser instalado no chão, no teto, na sala ou em ambiente aberto ou no sistema juntamente com outras peças e componentes. O suporte estrutural dos permutadores de calor requer a conceção correta das bases, acessórios e outras peças adequadas para garantir que não ocorrem falhas devido a vibrações, cargas impostas e fadiga.

Na conceção mecânica, deve prestar-se muita atenção aos requisitos de manutenção, como a limpeza, as reparações, a assistência técnica e a inspeção geral. As limitações de transporte devem ser tidas em conta, bem como a dimensão global.

Cada permutador de calor deve cumprir as normas e códigos locais, provinciais, nacionais e internacionais (tais como a norma TEMA, o código ASME para os recipientes sob pressão, etc.) para ser Os permutadores de calor, em particular, requerem uma conceção estrutural que cumpra os códigos e normas para uma ou mais das seguintes condições: funcionamento em condições severas (pressão e temperatura muito elevadas), número significativo de ciclos de pressão e temperatura durante a vida útil do projeto, critérios de terramoto, aplicação especial em locais onde não é fácil efetuar ensaios especiais, reparações e substituições, etc.; a conceção estrutural inclui a análise das tensões térmicas, da fadiga e da fluência para calcular a vida útil do permutador de calor.

Embora alguns aspectos do projeto mecânico devam ser considerados antes do projeto térmico, uma tarefa comum em alguns permutadores de calor é projetar os permutadores primeiro para satisfazer os requisitos hidráulicos e térmicos e, em seguida, o projeto é verificado em termos de projeto estrutural e as iterações necessárias são feitas até que os requisitos térmicos e hidráulicos e o projeto estrutural sejam satisfeitos em conjunto. Por conseguinte, o projeto mecânico dos permutadores de calor é tão importante como o projeto térmico e mais difícil do que isso; porque nem tudo é analítico e uma pessoa tem de confiar nas suas experiências, experiências e desempenho. Muitos critérios de conceção mecânica devem ser considerados simultaneamente.

Como se mostra na Figura 1, estão disponíveis várias soluções optimizadas após a conclusão das concepções mecânica e térmica. Depois de pesar e ponderar vários factores e de ter em conta considerações de produção e estimativas de custos, o projetista escolhe finalmente a melhor opção. No caso dos conversores de casco e tubo, uma vez que os pormenores das normas TEMA estão relacionados com o projeto mecânico, a determinação do preço dos conversores é feita antes de o projeto mecânico estar concluído e os projectos finais são feitos depois disso.

4- Considerações relativas à produção e à estimativa de custos

As considerações de fabrico e as estimativas de custos são consideradas para as soluções optimizadas que estão relacionadas com considerações de conceção mecânica e térmica.

A- Considerações sobre a produção e o fabrico

As considerações relativas ao fabrico e à produção podem ser divididas em considerações relacionadas com o equipamento de produção e com o processamento, podendo também ser tidos em conta outros critérios de qualidade. As considerações relativas ao equipamento que afectam a conceção incluem: seleção de ferramentas de trabalho versus novas ferramentas, disponibilidade e limitações de moldes, ferramentas, máquinas, fornos e localização das instalações de fabrico, produção em igualdade com o tempo de inatividade dos sistemas e financiamento de bens de equipamento.

As considerações relacionadas com o processamento também incluem: Considerações relacionadas com a forma como as peças e componentes do permutador de calor são fabricados e finalmente montados. Isto inclui a produção de peças individuais dentro das tolerâncias especificadas e inclui: o processo de peças, o armazenamento de conversores e, finalmente, trabalhos em latão, soldadura, solda ou expansão mecânica de tubos ou superfícies de transferência de calor, ligações sem fugas e montagem de cabeças de válvulas, tanques de armazenamento, colectores (múltiplas vias), cotovelos e retornos, montagem de tubos, lavagem e limpeza de conversores, teste de fugas, montagem de conversores no sistema e suporte estrutural. Atualmente, são avaliados não só os equipamentos de produção, mas também todas as considerações de processamento - especialmente quando se pretende apresentar um novo design de permutador de calor. Outros critérios de avaliação incluem a data de entrega, a carga de trabalho, a política da empresa e a estimativa dos pontos fortes da concorrência.

B. Estimativa de custos

Os custos gerais, que também são designados por custos de vida útil do sistema, juntamente com o permutador de calor, podem ser designados por custos de investimento, de instalação, de funcionamento e, por vezes, custos relacionados com a eliminação e o desgaste do sistema. Os custos de investimento (completamente instalado) incluem custos de projeto, aquisição de materiais, produção (incluindo o custo da maquinaria, mão de obra e custos gerais), testes, transporte, instalação e depreciação. A instalação do permutador num local, no caso de alguns permutadores, é por vezes tão elevada que é igual ao custo de alguns permutadores de casco e tubo. Os custos de funcionamento incluem os custos de eletricidade relacionados com o arranque da bomba de fluido, os custos de seguros e garantias e os custos de manutenção e reparação, bem como a redução da produção devido a avarias e custos de eletricidade e os custos de reinício em caso de falha do sistema. É muito difícil estimar alguns custos, mas alguns podem ser feitos na mesma fase de projeto.

5- Factores necessários para a avaliação

Após uma avaliação cuidadosa das considerações relativas à produção, à mecânica e à conceção térmica, a estimativa dos custos deve ser efectuada da mesma forma que a mencionada anteriormente. Agora, após as acções acima mencionadas, estamos numa fase em que podemos fazer uma avaliação baseada na leveza e na ponderação dos factores. Isto pode ser feito considerando o peso e os custos relacionados com a queda de pressão, o desempenho da transferência de calor, o tamanho global, a taxa de fuga, os custos iniciais para a vida útil do permutador de calor contra a corrosão e a fadiga, e semelhantes. Os factores de ponderação relacionados com a entrada física incluem as especificações do problema e a consideração de todas as restrições impostas, incluindo as condições de trabalho. A análise ligeira e pesada inclui condições e considerações económicas e a segunda lei da termodinâmica relativamente ao projeto do permutador de calor.

Se o permutador de calor for apenas um componente do sistema ou ciclo termodinâmico, é necessário efetuar a conceção óptima do sistema para o conseguir, de modo a minimizar o equipamento, os custos e outros aspectos. Neste caso, o problema de conceção do permutador de calor é novamente formulado, sendo este trabalho realizado após a conceção óptima e, finalmente, são aplicados os factores de ponderação e de redução.

6- Conceção optimizada

O resultado final das análises quantitativas e qualitativas é um desenho ótimo que pode ser oferecido ao cliente com vários itens de desenho (dependendo do número de superfícies ou núcleo geométrico considerado).

7- Outras considerações

Se o permutador de calor inclui novas especificações de conceção, pode ser uma parte importante e decisiva do sistema ou se é um modelo protótipo que foi testado no laboratório; para atingir a produção em massa, é necessário obter garantias suficientes sobre os seguintes itens: transferência de calor do sistema, queda de pressão e seu desempenho, que é considerado como um componente de todo o sistema ou uma parte dele, caraterísticas como fadiga, temperatura do ciclo, caraterísticas de corrosão e erosão, bem como limite de pressão.

<u>Software HTFS (simulação e conceção de permutadores de calor)</u>

O software HTFS é utilizado principalmente para conceber todos os tipos de equipamento de transferência de calor. Esta coleção é composta por uma série de software potente que abrange os seguintes domínios técnicos:

- Permutadores de calor de casco e tubo.

- Refrigeradores de ar.

- Permutadores de calor de placas.

- Permutadores de calor de placas alhetadas.

- Permutadores de calor para ar condicionado e recuperação de calor.

- Permutadores de calor para centrais eléctricas.

- Fornos.

Os softwares incluídos nesta coleção são:

TASC, conceção térmica, avaliação do desempenho e simulação de permutadores de cascos e tubos. É um software potente e abrangente para cálculos de engenharia relativos a várias aplicações de permutadores de casco e tubos, tais como aquecimento e arrefecimento sem mudança de fase, condensação em condensadores simples ou com aquecimento desuper, subarrefecimento, condensadores múltiplos. Em parte, são utilizados evaporadores e vaporizadores do tipo película em ebulição.

A ligação deste software ao programa de simulação HYSYS e a troca de informações bidirecional ativa e em tempo real é uma das suas principais caraterísticas.

<u>**FIHR, simulação de fornos com gás e combustível líquido**</u>

É um software poderoso para simular a transferência de calor e a queda de pressão em fornos que funcionam com combustível líquido ou gasoso. Geometricamente, podem ser simulados vários modos, incluindo cilíndricos ou em caixa, câmaras simples ou duplas com tubos verticais, horizontais ou centrais e equipados com um sistema aberto ou circulante de gases de combustão. No que respeita ao processo, são aceites correntes de entrada monofásicas ou bifásicas com passagens múltiplas. Na parte de ligação do forno, é possível instalar 9 conjuntos de tubos separadamente com tubos simples ou aletados ou empilhados. Este programa está ligado a simuladores e bancos de informação de propriedades físicas. A saída do FIHR está no formato padrão API e é acompanhada por um mapa de fornos.

MUSE, simulação de conversores de placa de palhetas

Este software pode simular os tipos de conversores de placa de palhetas que são utilizados na separação de componentes de ar e nas indústrias de petróleo, gás e petroquímica. O MUSE pode examinar até 15 fluxos de processos monofásicos de ebulição ou condensação. Geometricamente, é aceitável qualquer complexidade de pontos de entrada e saída, tais como soldadores termossifão e conversores de fluxo cruzado.

TICP, cálculo do isolamento térmico

Este software é utilizado para simular diferentes tipos de isolamento. Este software abrangente é um conjunto de normas e caraterísticas de vários isolamentos convencionais e pode efetuar todos os tipos de cálculos, tais como a determinação da espessura ideal do isolamento, o cálculo do perfil de temperatura, a avaliação das propriedades térmicas e a estimativa de custos.

PIPE, conceção, previsão e investigação do desempenho das condutas

Utilizando este software, é possível simular o desempenho do sistema de tubagens contendo fluidos monofásicos ou bifásicos num estado uniforme. Para além dos tubos, todos os tipos de ligações, tais como cotovelos, redução ou aumento súbito do diâmetro das válvulas de esfera, borboleta, esfera e de gaveta, orifícios e aberturas e qualquer fator desconhecido de queda de pressão podem ser modelados no software PIPE.

ACOL, simulação e conceção de permutadores de calor arrefecidos a ar

Este software pode ser utilizado para simular permutadores de calor arrefecidos a ar, unidades de recuperação de calor, instalações de ar condicionado, refrigeração e arrefecedores entre fases. Podem ser investigados diferentes modos, como o fluxo forçado, a indução e o fluxo livre (sem ventoinha) de ar ou qualquer tipo de gás no modo de aquecimento ou arrefecimento na parte de intersecção com os tubos e diferentes modos, como a fase única, a ebulição ou a condensação na parte lateral dos tubos.

O método especial de HTFS na conceção de conversores de processo arrefecidos a ar é incluído no ACOL de forma gráfica e interactiva. O tipo de passagem de tubos pode ser considerado simples ou complexo, e os tubos também podem ser escolhidos como simples ou do tipo cortina. Este programa está ligado a software de seleção de ventiladores, simuladores e bancos de dados de propriedades físicas e fornece folhas de informação do tipo API na saída.

FRAN, investigação e simulação de conversores de centrais eléctricas

Este software é utilizado para simular o desempenho de permutadores de casco e tubos que são utilizados para aquecer a água de alimentação da caldeira. Fluxos de aquecimento de vapor de diferentes estágios de turbinas com diferentes pressões e vapor condensado. No modo de estudo, o nível de calor necessário é calculado de acordo com as condições específicas de cada parte do conversor. Neste software, é possível verificar e simular detalhes como o número de zonas dentro dos aquecedores, o tipo de refrigerador de água de saída, se o conversor é vertical ou horizontal, o número de tubos, o tipo de serpentina, os detalhes da parte de aquecimento dessuperficial, o padrão de assentamento. São fornecidos tubos e muitos outros pormenores, pelo que é considerado um software profissional para este trabalho. A capacidade de avaliar a vibração é uma das outras capacidades deste software. As propriedades da água e do vapor são completamente calculadas no software.

TASC, conceção térmica, investigação e simulação de permutadores de calor de casco e tubo

Ao escolher o TASC, existe uma maior segurança na conceção dos equipamentos e das operações. Neste software, são utilizados métodos especiais HTFS, que se baseiam em mais de 30 anos de experiência e investigação.

Habilidades

A TASC é utilizada de quatro formas diferentes:

- Conceção - conceção térmica baseada no nível ou custo ótimo com condições de processo específicas e limitações dimensionais.

Verificação - verificar se o conversor existente satisfaz ou não a carga térmica exigida, considerando as condições específicas de entrada e saída. Neste caso, é calculado o rácio entre o nível térmico disponível e o nível térmico necessário.

- Simulação (Simulation) - cálculo das condições de saída e do desempenho do conversor com base nas condições de entrada.

- Termossifão - cálculo do desempenho de uma caldeira termossifão vertical ou horizontal, caudal de circulação e queda de pressão nos tubos de entrada e saída.

Aplicação no processo

TASC processa fluxos de processo em diferentes estados, como um único componente ou uma mistura de componentes, incluindo líquidos ou gases monofásicos, líquidos em ebulição, vapores de condensação (com ou sem gases não condensáveis) em qualquer estado físico (vapor superaquecido, vapor saturado, fase líquida saturada ou super fria). Esta capacidade faz com que o TASC seja uma ferramenta comum e corrente nas empresas que operam no sector do petróleo, gás, petroquímica, centrais eléctricas e construção de conversores. Este software é amplamente utilizado nestes domínios:

- Condensadores com aquecimento e arrefecimento Desuper.

- Condensadores parciais com correntes multicomponentes (condensador parcial multicomponente).

- Condensadores.

- Caldeira de tipo Kettle.

- Evaporadores de película descendente.

- Complexos de alimentação e efluentes multifásicos e com várias camadas.

- Soldadores de tipo termossifão.

Especificações técnicas e capacidades

- Mostrar uma vista do conversor e fornecer folhas de informação no formulário padrão TEMA com informações de saída. A capacidade de introduzir informações no formulário da tabela de informações TEMA
- Tipo de fluxo: monofásico, ebulição e condensação.
- Capacidade para aceitar conversores série-paralelo, até 12 cascas em série e qualquer número em paralelo.
- Invólucros do tipo X, K, J, H, G, F, E de acordo com a norma TEMA.
- Conversores de dois tubos e multitubos do tipo Hairpin.
- Unidades horizontais ou verticais.
- Tubos simples ou barbatanas curtas.
- Ter uma base de dados para tubos de alhetas curtas.
- Deflector de uma ou duas peças, sem tubos nas janelas, lâminas de barras e conversores sem deflector.
- Análise de vibrações, estabilidade de fluxo para soldadores termossifão
- Fornecer informações de entrada no sistema SI, métrico ou inglês.
- Ligação completa e bidirecional ao software de simulação de processos HYSYS.

- Capacidade de comunicar com o software de simulação de processos HYSIM e ASPEN-PLUS.
- Geração de ficheiros em formato DXF, para utilização em software gráfico como o AutoCAD.
- Um pacote de software para cálculo de custos com a capacidade de mudar com base no custo dos materiais e da mão de obra.

Propriedades físicas

A mudança de propriedades com a temperatura e pressão é totalmente considerada nos cálculos do TASC. O utilizador pode especificar as propriedades físicas do fluido ou extraí-las do pacote de software de processo ou do pacote de software de determinação de propriedades e fornecê-las ao programa, ou permitir que o TASC calcule essas propriedades a partir da mistura fornecida.

Investigação da vibração causada pela corrente

A vibração nos permutadores de calor de casco e tubo pode causar problemas operacionais graves, redução da produção devido à redução da corrente (para evitar a vibração) e redução do tempo operacional devido a danos graves. A TASC identifica com precisão e com base em métodos testados e válidos, possíveis problemas de vibração causados por fluxos de gás, líquido ou de duas fases no lado do casco.

Saída

Na saída do TASC, a flexibilidade e a facilidade de trabalho no ambiente deste software foram utilizadas para analisar a forma geométrica e as especificações pormenorizadas do conversor. O ambiente gráfico e a capacidade de concentração no software aumentam a capacidade de analisar graficamente a informação de saída e a capacidade de investigar com precisão as irregularidades na informação de desempenho. A saída do TASC inclui:

- Informações pormenorizadas sobre a conceção óptima (no modo de conceção) ou a conceção existente (nos modos de simulação ou de verificação), incluindo os pesos aproximados do conversor e a tabela de outras concepções possíveis (no modo de conceção)
- Ficha de informação de acordo com a norma TEMA com informações pormenorizadas sobre o conversor.
- Mapa de pormenores geométricos do conversor.
- Informações completas sobre a queda de pressão no casco e na tubagem, a distribuição do fluxo no casco e as condições entre os cascos ligados.

- Variação de temperatura e coeficiente de transferência de calor durante o conversor (em modo de Simulação ou Verificação), incluindo a temperatura do metal do tubo em pormenor.
- Análise das vibrações e identificação das suas causas.
- Ficheiros de formato DXF para utilização em aplicações gráficas.
- Ficheiros INTOUT para comunicação automática com bases de dados e outras aplicações.
- Ficheiro de entrada de dados para o software OPTU.

Oferece seis modos de simulação para satisfazer as necessidades dos utilizadores, fabricantes e engenheiros:

- A temperatura do fluxo de saída dos tubos.
- A temperatura do fluxo de entrada dos tubos.
- Função de ligação normal para o modo "ventiladores desligados".
- Quantidade de fluxo nos tubos.
- A quantidade de caudal no outro lado do conversor (cruzamento com os tubos) de acordo com as condições especificadas do caudal do troço de tubo.
- Coeficiente de escala dos tubos.

Conceção

O método visual interativo único da ACOL na conceção de permutadores de calor arrefecidos a ar é o método HTFS habitual. Na prática, este método permite atingir as condições óptimas da composição e do estado da unidade operacional para uma determinada carga térmica. O programa ACOL calcula o número de tubos e ventiladores e o caudal de ar necessário. Desta forma, são examinados vários planos e opções, todos eles práticos e respeitando as limitações do processo. Um pequeno ponteiro do rato é suficiente para mostrar um resumo dos resultados da conceção. No método de conceção avançada ACOL, são determinados o comprimento e a largura pretendidos pelo projetista, o tamanho ideal dos ventiladores e as tabelas de conceção alternativas. Depois, com uma simulação pormenorizada, o erro das concepções sumárias iniciais da unidade pode ser corrigido.

Aplicação no processo

O fluxo do processo nas tubagens pode ser monofásico ou bifásico, quente ou frio. Os cálculos não estão limitados a materiais únicos e pode ser utilizada qualquer mistura (com ou sem gases não condensáveis) em qualquer condição (vapor seco, vapor saturado, duas fases, líquido saturado ou subarrefecido). Os fluxos do lado X (que estão relacionados com o estado cruzado) podem ser ar seco ou húmido ou uma mistura de gases. Esta flexibilidade constitui a base para a utilização contínua do ACOL nas indústrias do petróleo, gás, química, petroquímica e energética.

Especificações técnicas e capacidades

Tipos de aplicações

Permutadores de calor arrefecidos a ar (ACHE), recuperação de calor, ar condicionado, arrefecedor de carga.

- Tipos de tubos

Simples, barbatana longa, barbatana curta, barbatana serrilhada, barbatana em placa.

- Tipos de alhetas altas

Extrudido, L, G Ranhado no ombro, (bi-metálico).

- Tipos de cabeças

Tubo em U, coletor, D, placa de cobertura, ficha, caixa.

- Número de passes

Até 50 peças com arranjos simples ou complexos. Possibilidade de arranjar e organizar passagens de uma forma visual.

- O tamanho da pega do tubo

2 a 100 filas com vários tubos por compartimento e vários compartimentos por unidade.

- Tipo de caudal de ar

forçado, indução, livre (sem ventoinha).

- O lado do fluxo do processo.

Aquecimento e arrefecimento monofásicos, condensação ou ebulição.

Reforço da transferência de calor no lado dos tubos.

Especificados para cada passagem, fitas torcidas, coeficientes de amplificação.

Lado X (fluxo cruzado).

O ar seco, o ar húmido (desumidificação), a mistura de gases multicomponentes, o perfil de temperatura e a velocidade de entrada, o desempenho de superfícies específicas também podem ser determinados.

Propriedades físicas

Substâncias puras e misturas multicomponentes

Bancos de dados internos

Banco de dados com 40 materiais, banco de dados de materiais e propriedades de fluxo específicos do utilizador, banco de dados específico do utilizador para o lado X

Mediadores especiais

Programas PPDS2, ASPENPLUS, HYSYS, HYSIM através de ficheiros PSF, programa de seleção de ventiladores CF-P20, base de dados de propriedades dos materiais DIPPR

Pesagem

Resistência padrão ou quantidade de incrustação na parte do tubo em função da velocidade, temperatura, qualidade, fase ou comprimento, lado X em função do número de filas de tubos.

Resultados de saída

O ACOL utiliza o poder e as capacidades do ambiente Windows para mostrar todas as funcionalidades do conversor. O desenho de curvas tem sido amplamente utilizado para analisar as informações de saída. A saída do ACOL inclui o seguinte:

- Resumo do desempenho térmico-hidráulico do conversor.

Os pormenores dos resultados incluem:

- Lado do tubo, lado transversal com tubos e queda de pressão das aberturas.
- Curvas das condições de escoamento e resultados obtidos no conversor.
- Ficha de informação API com introdução automática dos dados do conversor.
- Conjunto de permutadores de calor para unidades do tipo API.
- Saída de texto incluída.
- Resumo do desempenho termo-hidráulico, incluindo a estimativa do peso
- Esquema da cabeça.
- Informações completas sobre a queda de pressão no lado do tubo e no lado transversal.
- Curvas de propriedades de carga térmica e de corrente calculadas pelo programa ou anexadas ao programa.

- Quadros com pormenores das condições do processo e do seu desempenho ao longo do conversor no tubo e no lado X para 20 pontos ao longo do tubo em cada passagem ou linha
- Instalação de dados de ruído do lado X e do ventilador
- Ficheiros INTOUT para comunicação automática com bancos de informação e outros programas de aplicação.

PIPESYS, simulação de condutas

As condutas passam por vários terrenos em diferentes condições climatéricas. Nestas condições, a transferência de fluidos ocorre de forma óptima quando a dimensão da conduta é determinada corretamente e tendo em conta factores como a queda de pressão e a perda de calor, e o equipamento e os fornecimentos instalados no interior da linha, como compressores, aquecedores e ligações com a mesma.

Devido à complexidade dos cálculos da rede de condutas, parece ser difícil efetuar uma conceção precisa. Normalmente, para compensar o erro de cálculo da queda de pressão no projeto, é selecionado um tubo de maiores dimensões. Em caudais multifásicos, este problema provoca uma maior queda de temperatura e pressão, aumenta os requisitos de transferência de líquidos e aumenta a corrosão da tubagem. Uma modelação precisa dos fluidos evita estes problemas e o resultado é um sistema de tubagens mais económico. Para este efeito, é possível utilizar a coleção de conhecimentos de tecnologia de escoamento monofásico e multifásico sob a forma de software para uma simulação precisa e eficaz do escoamento em condutas. O PIPESYS é um software com muitas capacidades de modelação hidráulica exacta de condutas. Após a instalação, o PIPESYS faz parte do software HYSYS e tem acesso às capacidades deste software, como a base de dados de materiais e as propriedades dos fluidos.

O PIPESYS fornece um conjunto de equipamentos em linha que são utilizados para a construção e teste de condutas e, com a sua ajuda, é possível modelar condutas que são colocadas em diferentes ambientes e alturas da superfície da terra.

Caraterísticas e capacidades

- Modelação exacta e detalhada de correntes monofásicas e multifásicas.
- Cálculo dos pormenores dos perfis de temperatura e pressão para condutas que atravessam terrenos acidentados, tanto em terra como na plataforma continental.
- Calcular a pressão desde o início da linha até ao fim ou vice-versa. Modelação dos efeitos do equipamento em linha, como estações de aumento da pressão do gás e casas de bombas, aquecedores, refrigeradores, reguladores e ligações, incluindo válvulas e cotovelos.
- Realização de análises especiais, incluindo:
- Previsão do coágulo líquido resultante do envio do leitão (Pig).
- Previsão do limite de velocidade para o desgaste.

- Avaliação dos estados agudos de coagulação e seus efeitos em tubos verticais e horizontais.
- Cálculos de análise de sensibilidade para decidir sobre a dependência do comportamento do sistema em relação a cada parâmetro.
- Efectue cálculos rápidos e eficazes com um optimizador interno que acelera drasticamente os cálculos sem reduzir a precisão.
- Estudar a possibilidade de aumentar a capacidade das linhas existentes com base nos efeitos da composição dos materiais, das condutas e das condições climáticas.
- Modelação de um oleoduto ou de uma rede de linhas isoladamente ou como parte de uma instalação completa de recolha e processamento (com a ajuda do HYSYS).
- O PIPESYS inclui um vasto conjunto de relações e modelos computacionais relacionados com escoamentos horizontais, inclinados e verticais, previsão do regime de escoamento, contribuição do líquido (retenção) e perda de carga por atrito. O método de efetuar cálculos no PIPESYS tem uma flexibilidade considerável.

Exemplos de aplicação da PIPESYS na prática

- Cálculo do perfil de pressão com base no perfil de temperatura específico, cálculo dos perfis de pressão e de temperatura com base nas condições de uma extremidade da tubagem, cálculo do perfil de pressão na direção do fluxo ou contra ele para determinar as condições a montante ou a jusante.
- Efetuar cálculos repetidos para atingir uma condição no início da tubagem e outra condição no final da tubagem, por exemplo, calcular a pressão a montante e a temperatura a jusante com base na pressão a jusante e na temperatura a montante.
- Cálculo da intensidade de corrente correspondente às condições conhecidas a montante ou a jusante.
- O PIPESYS foi concebido para se assemelhar ao HYSYS para facilitar o acesso à informação. Mas devido à sua conceção hábil e ao mesmo tempo simples, mesmo sem estar familiarizado com o HYSYS, é possível habituar-se a ele num curto espaço de tempo.

Software Aspen B-jac

O software Aspen B-jac inclui uma série de programas para design térmico, design mecânico, estimativa de custos e desenho de permutadores de calor e vasos de pressão.

Os principais programas deste software são:

- Conceção térmica dos permutadores de casco e tubos Aspen Hetran.
- Conceção mecânica, cálculo de custos e conceção Equipas Aspen.
- Desenho de permutadores de calor de casco e tubo.
- Conceção térmica de refrigeradores de ar, conversores economizadores Aspen Aerotran.
- Saída do forno e secção de transferência do forno.

Para além dos programas principais, há uma série de programas de apoio aos programas de conceção, que incluem

- Base de dados das propriedades químicas e físicas dos adereços.
- Um programa para construir uma base de dados pessoal para Props Priprops.
- Base de dados das propriedades dos materiais metálicos.
- Um programa para construir uma base de dados pessoal para Metal Primetals.
- Programa de layout de placas de tubos Ensea.
- Programa de estimativa e cálculo de custos Qchex.
- Programa auxiliar gráfico para desenhar e desenhar Draw.
- Programa para a continuidade do trabalho e informação básica dos materiais Newcost.
- Um programa para criar materiais predefinidos Defmats.

Introdução ao software Aspen Hetran

O software Aspen Hetran é um programa para a conceção, avaliação e simulação de permutadores de casco e tubos em todas as aplicações industriais, tais como transferência de calor sem mudança de fase, condensação e evaporação.

1- No modo de projeto, o software projecta o permutador de calor ideal com uma carga térmica especificada e tendo em conta os limites de queda de pressão admissível, velocidade, diâmetro do casco, comprimento do tubo e outras limitações especificadas.

2- No Modo de Classificação, o software verifica a eficiência de um conversor existente (fabricado) nas condições de funcionamento desejadas. Neste caso, o software determina se o nível de transferência de calor existente nas condições desejadas cumpre ou não os objectivos.

3- No modo de simulação, o software prevê as condições das correntes de saída especificando a estrutura do conversor e as condições das entradas.

O software Aspen Hetran possui um grande banco de dados cujas informações podem ser utilizadas como padrão, proporcionando assim a possibilidade de um caminho com o mínimo de dados de entrada. Para o caso complexo que é acompanhado por uma mudança de fase no fluido de saída (condensação ou evaporação), o programa requer dados de equilíbrio vapor-líquido e propriedades termofísicas na faixa de temperatura de operação, que podem ser obtidos de duas formas:

1- Introduzido diretamente pelo designer

2- O software calcula automaticamente os dados de equilíbrio do líquido e do vapor

O software é capaz de efetuar o projeto mecânico básico para determinar a espessura do casco e das cabeças. Também determina a espessura da placa do tubo como uma estimativa, mas o projeto mecânico detalhado não é feito pelo Aspen Hetran e é feito pelo programa Aspen Teams - que pode ser facilmente introduzido a partir do ambiente Hetran.

O software Hetran abrange todos os tipos de conversores TEMA normalizados, pelo que todos os conversores TEMA podem ser projectados com ele. Este software também inclui as normas ANSI, DIN e ISO. O programa Aspen B-jac também fornece uma estimativa do custo de construção e do custo das alterações ao projeto. O programa de estimativa de custos de produção de conversores funciona de forma semelhante à base de dados Qchex.

O software Aspen Hetran é um programa inteligente, o que significa que oferece a possibilidade de avaliar as alterações de conceção durante a execução do programa e orienta o projetista na introdução de dados de entrada, cálculos, visualização de resultados, alterações de conceção e predefinição dos resultados pretendidos.

Como funciona o software Hetran em modo de projeto

No modo de projeto, o software Hetran procura as estruturas adequadas para que o conversor forneça as condições de funcionamento previstas. Nesta pesquisa, o software utiliza algumas variáveis geométricas como variáveis de decisão. No final, o software fornece como resultado final um conjunto de conversores com diferentes estruturas, cada um dos quais pode cobrir as condições de funcionamento exigidas (o software seleciona automaticamente um conversor de baixo custo como um dos resultados). Assim, cabe ao projetista escolher um conversor específico como o melhor conversor utilizando os seus conhecimentos de engenharia.

O software Hetran considera o seguinte na conceção como função objetivo:

- Nível de transferência de calor suficiente para a carga térmica pretendida.

- Limitação da queda de pressão nas secções do casco e do tubo.

- Dimensões viáveis e razoáveis.

- Gama aceitável de velocidades do fluido para as secções do casco e do tubo.

- Limitações práticas de construção.

Para além das funções objetivo acima referidas (que deveriam ser designadas por limitações), o software Hetran calcula o custo final do conversor, bem como o estado do conversor em termos de vibração, para todos os conversores que finalmente forneceu, como declara um dos resultados (como vantagens ou desvantagens). É importante saber que o software não interferiu com os dois factores acima referidos na seleção e apresentação dos conversores que sugeriu para as condições de funcionamento desejadas, sendo esta responsabilidade do projetista.

Por exemplo, existem mais de 30 parâmetros mecânicos que afectam direta e indiretamente a conceção do permutador de casco e tubos. A análise combinada destas variáveis é difícil e, nalguns casos, impossível. Além disso, o intervalo aceitável de algumas variáveis de projeto depende de considerações de processo e de custo (por exemplo, a importância e o custo da limpeza). Por conseguinte, o software Hetran utiliza como variáveis de decisão apenas algumas variáveis que são independentes das considerações de processo, funcionamento, manutenção e construção. Abaixo está a lista das variáveis mencionadas. Em seguida, é explicado como otimizar os parâmetros de decisão através do programa.

- Diâmetro da concha.
- Espaçamento do deflector.

- Passar tipo de layout.
- Comprimento do tubo.
- Número de deflectores.
- O número de permutadores que devem ser utilizados em paralelo (Permutadores em paralelo).
- Número de tubos.
- Número de passagens de tubos.
- O número de fontes que devem ser utilizadas em série (permutadores em série).

Otimização do diâmetro do casco

Uma das variáveis mais importantes no modo de projeto é o diâmetro do casco. O programa de otimização de software procura o diâmetro mais pequeno necessário para fornecer a superfície de transferência de calor necessária, a queda de pressão admissível do casco e a velocidade máxima admissível do fluido do casco. O intervalo de pesquisa começa a partir do diâmetro mínimo e, se as condições não forem cumpridas, o diâmetro aumentará num determinado passo.

Otimizar o espaçamento dos deflectores

O software Hetran determina a distância mínima entre os centros dos deflectores de modo a que a queda de pressão máxima permitida e a velocidade máxima permitida do casco sejam observadas e, ao mesmo tempo, o aumento da velocidade do casco aumenta o coeficiente de película térmica. O aumento da velocidade do fluido da casca também reduzirá a massa de obstrução, mas esta questão não faz parte das variáveis de otimização.

Otimização do número de deflectores

O software Hetran procura o número máximo de deflectores que podem ser colocados entre os bocais de entrada e saída do reservatório. Uma vez que a posição exacta dos bocais de entrada e de saída é determinada pelo projeto mecânico, o software determina o número necessário de deflectores com a estimativa inicial da espessura da placa do tubo e também da espessura das flanges do aro. O valor do número obtido é a soma dos deflectores e dos suportes.

Otimização do comprimento do tubo

No modo de conceção, sempre que o diâmetro do casco muda, o comprimento mais curto do tubo de acordo com a norma existente é selecionado em conformidade.

Otimização do número de passagens de tubos

O software Hetran determina o número máximo de trajectos de tubos para que a pressão máxima permitida e a velocidade máxima sejam observadas. Ao aumentar o número de percursos de tubos, a velocidade na secção de tubos aumenta e, consequentemente, o coeficiente de transmissão de película no interior dos tubos aumenta. O número máximo de trajectos de tubagem é normalmente uma função do diâmetro do casco e do diâmetro exterior dos tubos. Além disso, esta variável pode ser uma função do tipo de serviço dos tubos e da embraiagem traseira. Por exemplo, apenas duas passagens de tubo devem ser usadas para condensadores tipo W, e para condensadores onde o fluido condensa dentro do tubo, um máximo de duas passagens de tubo devem ser usadas.

Otimização do número de tubos

O programa Hetran utiliza um programa para desenhar a placa do tubo (este programa também é utilizado no software Ensea). Ao utilizar este programa, o número exato de tubos é calculado. O programa desenha o número máximo de tubos num plano de tubos, alterando a disposição das rotas dos tubos e efectuando a sua análise.

Otimização de conversores em série

Quando o diâmetro do casco e o comprimento do tubo excedem o valor padrão e o programa não consegue convergir para uma solução devido ao baixo nível de transferência de calor, o programa adiciona automaticamente um conversor em série ao primeiro conversor. A utilização deste conversor é feita quando o MTD é reduzido para menos de 0,7 (ou para o valor determinado pelo projetista). É de notar que o que se entende por conversor em série são as cascas em série.

Otimização de conversores paralelos

Quando o diâmetro do casco do conversor excede o seu valor máximo e o comprimento do tubo atinge o seu comprimento padrão mínimo, mas a queda de pressão máxima esperada não é atingida, o programa projecta automaticamente o conversor em paralelo (casco paralelo).

Cálculos de bicos

Se o diâmetro dos bicos não for introduzido como entrada pelo projetista, o programa determinará o diâmetro dos bicos com base na velocidade máxima.

A velocidade mais baixa do fluido

Embora o programa Hetran receba a velocidade mínima como entrada, esta entrada não faz parte diretamente das restrições de otimização. Por outro lado, o programa tenta aumentar o coeficiente de transferência de calor por película e reduzir a superfície do permutador aumentando a velocidade do fluido (não diretamente - por exemplo, colocando mais deflectores) dentro do intervalo de perda de carga permitido. O software compara a entrada do projetista para a velocidade mínima (ou o valor predefinido da velocidade mínima) com a velocidade calculada e imprime-a como um aviso.

Velocidade máxima do fluido

É muito importante que o projetista conheça a velocidade máxima permitida no interior do casco e do tubo. A seleção correta da velocidade máxima do fluido para a parte do casco evita a vibração do conversor e reduz a possibilidade de desgaste e fadiga mecânica dos tubos. Do mesmo modo, para a parte do tubo, trabalhar abaixo da velocidade máxima limitará o desgaste do tubo e reduzirá a erosão das ligações do tubo à placa do tubo. Se a velocidade máxima não for fornecida ao software como entrada, é calculado um valor por defeito que é independente do tipo de tubo.

Como referido anteriormente, existem outras variáveis que afectam a conceção do conversor, mas que não desempenham qualquer papel nas funções objetivo e nas limitações do modelo de conceção do conversor, cabendo ao engenheiro de conceção considerar as limitações existentes e as experiências pessoais. Determine estas variáveis (é de notar que o software tem normalmente o valor por defeito para estas variáveis).

Outras variáveis que são decididas pelo projetista são: o tipo de concha, o diâmetro exterior do tubo, o tipo de colarinho traseiro, o passo e a disposição dos tubos, o tamanho do bocal, o tipo de tubo, a determinação da posição do conversor, o tipo de placa do tubo, o tipo de deflector, os materiais, o corte do deflector, a distribuição do fluido, a espessura da parede do tubo.

Ambiente do software Aspen Hetran

No ramo Hetran, existem dois sub-ramos principais, Input e Results, cada um dos quais tem os seus próprios sub-ramos. No ramo Input, o software recebe do projetista as informações necessárias para o projeto. Esta informação inclui o seguinte:

- Definição do problema.
- Dados de propriedades físicas.
- Estrutura do permutador (Geometria do permutador).
- Dados de projeto.
- Definições do programa (Opções do programa).

Definição do problema

A primeira informação que deve ser fornecida ao software é a definição do problema para o qual a conceção deve ser efectuada. Na secção de definição do problema, a informação necessária é recebida sob a forma dos três formulários seguintes:

- Formulário de descrição (Formulário de descrição).
- Formulário de opções de candidatura para selecionar o tipo de sistema a estudar.
- Formulário de dados do processo.

O formulário de descrição inclui três subcategorias:

Título, Nome do fluido e Observações. O objetivo desta secção é introduzir as informações com as quais o conversor é identificado no processo. Esta informação inclui o nome e a localização da empresa, as especificações de serviço, a identificação do conversor, a data, o número de revisão e o nome do fluido da secção de casco e tubos, que é normalmente escrito no topo da folha de dados. Além disso, nesta secção, existem três linhas para notas e explicações, onde devem ser introduzidas as explicações necessárias.

O objetivo do formulário de opções de candidatura é determinar o seguinte:

- O tipo de processo está disponível em duas secções, concha e tubo.
- Como calcular os casos especiais de evaporação e condensação.
- Tipo de condensador ou evaporador.
- Modo de software.
- Determinação do fluido de casco e tubo.

O ramo da escolha do tipo de sistema em estudo tem diferentes opções, como se segue:

A- Opções de aplicação do lado quente:

- Líquido, sem mudança de fase (Liquid no phase change).

- Gás, sem mudança de fase (Gás sem mudança de fase).
- Condensação de gama estreita.

Este caso inclui todos os casos em que o coeficiente de película do lado do condensado não se altera significativamente na gama de temperaturas. Por conseguinte, os cálculos podem ser efectuados assumindo que o perfil de condensação é linear. Este item é recomendado para condições de condensação a temperatura constante e condensação multicomponente sem componentes não condensáveis, onde a variação de temperatura da faixa de condensação é inferior a 6 graus Celsius (10 graus Fahrenheit).

Condensação multicomponente

Este caso inclui todos os casos em que o coeficiente de película do lado da condensação tem uma alteração significativa no intervalo de temperatura de condensação, pelo que o intervalo de condensação deve ser dividido em várias áreas e as caraterísticas e condições de cada área devem ser linearizadas. Este item é recomendado para todos os casos em que estão presentes componentes não condensáveis ou existem vários componentes condensáveis com um intervalo de condensação superior a 6°C.

- Condensação de vapor saturado

Este é o caso quando o lado quente é vapor puro e o condensado está a uma temperatura constante.

- Modo de arrefecedor de líquido de película descendente

É quando o fluido flui para baixo e arrefece.

B- Curva de condensação

O projetista pode introduzir a curva de equilíbrio vapor-líquido (Especificado na entrada) ou, ao selecionar (Calculado pelo programa), permitir que o software calcule a curva pretendida utilizando as leis dos gases ideais ou outros métodos.

C- Tipo de condensador

Na maioria dos condensadores, a direção dos fluxos de vapor e de condensado é a mesma. No entanto, para algumas aplicações especiais em que o projetista pretende reduzir a quantidade de subarrefecimento, pode escolher o condensador do tipo knock back reflex. Neste caso, os condensados formados retornam para a entrada de vapor.

D- Opções de aplicação do lado frio

- Líquido, sem mudança de fase (Liquid no phase change).

- Gás, sem mudança de fase (Gás sem mudança de fase).
- Vaporização de gama estreita.
- Vaporização multicomponente.

E- Curva de vaporização

O projetista pode introduzir a curva de equilíbrio vapor-líquido, ou o programa pode calcular a curva utilizando as leis dos gases ideais ou vários outros métodos.

Ebulição em pooling

Um fluido que tenha ebulição em piscina só pode escoar no lado do casco. Os conversores que são utilizados nesta situação só podem ser colocados em modo horizontal. Esta ebulição pode ocorrer no invólucro do tipo K ou noutros tipos de invólucros designados por "tube stack completo" ou "tube stack incompleto", em que os tubos são removidos devido ao espaço livre.

Termossifão

Isto pode ser feito no lado do casco apenas no modo horizontal ou no lado do tubo nos modos horizontal e vertical.

Circulação forçada

Pode ser efectuado tanto do lado do casco como do lado da tubagem.

Filme em queda

A evaporação da película ocorre apenas no lado do tubo e na posição vertical, onde o líquido entra nos tubos por cima e flui para baixo. Normalmente, o vapor formado flui para baixo devido à diferença de pressão entre o topo e o fundo do tubo. Este tipo de evaporação evita um grande aumento do ponto de bolha e ajuda a reduzir a queda de pressão.

G- Localização do fluido quente

Durante o programa Hctran, a localização do fluxo quente pode ser alterada. Assim, a comparação entre os dois estados possíveis do lado do tubo e do lado do casco será muito simples.

H- Modos de programa (modo de programa)

- Modo de conceção

- Modo de avaliação

- Modo de simulação

T- Selecionar o ficheiro standard (selecionar do ficheiro standard).

Neste caso, o designer pode escolher o ficheiro de tamanhos padrão do conversor - um ficheiro que tem uma lista de tamanhos padrão do conversor. A partir desta lista, o software seleciona um tamanho de conversor que satisfaça as necessidades previstas pelo projetista.

Objetivo do formulário de dados do processo:

 Introduzir o caudal de fluido do casco e da tubagem, bem como as condições de funcionamento pretendidas, tais como temperatura, pressão, queda de pressão máxima admissível, quantidade de massa de obstrução e carga térmica pretendida.

A ramificação de dados de processo na sub-ramificação de dados de processo inclui as seguintes opções de entrada:

- Caudais

 O caudal dos fluxos quente e frio deve ser introduzido nesta secção. Naturalmente, quando não há mudança de fase, não é possível introduzir os caudais. O programa calcula o caudal com base na carga térmica e as temperaturas são conhecidas. Quando ocorre a mudança de fase, o programa precisa de pelo menos dois dos três caudais totais, o caudal de vapor e o caudal de líquido à entrada e à saída.

- Temperaturas de entrada e de saída

As temperaturas de entrada e de saída dos fluxos quente e frio são introduzidas nesta secção. No caso de a mudança de fase não ocorrer, o programa pode calcular a temperatura de saída a partir da carga térmica especificada ou da carga térmica do lado oposto, conhecendo o caudal e a temperatura de entrada.

- Temperatura da bolha / temperatura do ponto de orvalho

Para a condensação e evaporação de gama estreita, são necessárias as temperaturas de bolha e de ponto de orvalho. A temperatura de orvalho é necessária para os condensadores, mas a temperatura de bolha não é necessária se ainda houver vapor à temperatura de saída.

Pressão de funcionamento (absoluta)

A pressão absoluta de funcionamento do fluido na secção de casco e tubo deve ser introduzida nesta secção, que dependendo da aplicação pode ser a pressão de entrada ou de saída, mas na maioria dos casos é a pressão de entrada. Para os reboilers termossifão, a pressão de funcionamento é a pressão da superfície do líquido na torre.

- Calor trocado

Se for necessário projetar o conversor com base numa carga térmica específica, a carga térmica desejada deve ser introduzida nesta secção. Se a quantidade de calor trocado for introduzida pelo projetista, o programa compara a carga térmica calculada nos lados quente e frio com este valor. Se a diferença for superior a 2%, o programa corrige o caudal ou a temperatura de saída.

- Queda de pressão admissível

O projetista pode determinar arbitrariamente a queda de pressão admissível, mas este valor não deve ser superior à pressão de funcionamento, a queda de pressão admissível deve normalmente ser inferior a 40% da pressão de funcionamento. Além disso, com um cálculo na ponta dos dedos, a perda de carga admissível para o sistema de líquido, tanto para as secções de tubos como de casco, foi indicada como sendo de 0,5 a 0,7 kg/cm^2 . Para o gás, este valor situa-se entre 0,05 e 0,2 kg/cm^2 , que é normalmente utilizado a partir de 0,1.

- Resistência ao entupimento

Se esta opção não for especificada pelo designer, o programa considerá-la-á zero por defeito. Para além disso, o software também oferece uma lista de valores comuns.

No ramo de dados do processo, existe outro ramo chamado Opções de balanço de carga térmica. Se a opção Programa for selecionada em ambas as secções de ajuste do fluxo do processo Quente e Frio, dependendo do tipo de informação fornecida ao software, serão calculadas outras caraterísticas utilizando o balanço energético.

Algumas caraterísticas serão calculadas da seguinte forma, de acordo com a quantidade de transferência de calor (calculada ou de entrada):

1- Se apenas a temperatura de saída do fluxo frio e o calor transferido não forem introduzidos, a quantidade de transferência total de calor será obtida utilizando a informação do fluxo quente e a temperatura de saída do fluido frio será calculada a partir do balanço energético.

2- Se a temperatura do fluxo de frio de saída for introduzida, mas o caudal do fluxo de frio não for introduzido, o software calculará o caudal do fluxo de frio de acordo com a taxa de transferência de calor necessária.

3- Se ambas as caraterísticas de caudal de saída de frio e caudal de frio forem introduzidas pelo projetista, o programa calculará a temperatura de saída de frio.

4- Se forem introduzidas três caraterísticas do caudal frio e para o caudal quente apenas o caudal ou a sua temperatura de saída forem introduzidos pelo projetista, a outra caraterística será calculada em função da quantidade de transferência de calor obtida através do caudal frio e do balanço energético.

5- Se forem introduzidas três caraterísticas de fluxo frio e ambas as caraterísticas de fluxo quente, este estado será igual ao terceiro estado e a caraterística de temperatura do fluxo frio será adaptada.

6- Caso o projetista introduza as três caraterísticas do caudal quente, juntamente com as caraterísticas da temperatura de saída do frio e a carga térmica total, o programa ajustará o caudal do fluido frio e a temperatura de saída do caudal quente. Se o caudal do caudal quente não for introduzido neste caso, em vez da temperatura do caudal quente, será aplicado o caudal do caudal quente.

Se o balanço energético não for estabelecido, as temperaturas de saída são alteradas pelo software. Em vez de Programa, pode escolher Caudal, Temperatura de saída e Sem opções de ajuste para as secções de tubos e cascas.

Dados de propriedades físicas

 Esta secção inclui as seguintes partes: escolhas de propriedades, composição do lado quente, propriedades do lado quente, composição do lado frio, propriedades do lado frio

Opções de propriedade

Nesta secção, o projetista deve aceitar as opções predefinidas. A predefinição significa que todas as propriedades termodinâmicas da secção de casco e tubo são determinadas pelo Aspen B-jac. Esta secção contém as seguintes páginas:

Bancos de dados

No que respeita ao interior e ao exterior dos tubos separadamente, existem duas opções relativamente às propriedades físicas:

Primeira opção: A primeira opção pode abranger as seguintes condições:

- Utilização das propriedades físicas do B-jac (base de dados de software).

- Utilização de propriedades físicas especificadas pelo utilizador.

- Utilização do ambiente de software Aspen plus para propriedades físicas.

Ao escolher este item, o projetista pode consultar o banco de dados do software e determinar as propriedades especiais do fluido dentro do tubo e do fluido fora do tubo, ou pode transferir diretamente as informações do programa de simulação Aspen plus para o B-jac.

A base de dados de propriedades B-jac inclui a base de dados DIPPR, que contém as propriedades físicas de mais de 1500 substâncias puras utilizadas em processos químicos, petróleo e outras indústrias. O projetista pode consultar estes dados e introduzir os componentes de fluxo nas combinações. Se o projetista especificar as propriedades na secção de propriedades, não deve introduzir qualquer material na secção de composição, a menos que pretenda utilizar tanto as propriedades da base de dados B-jac como as propriedades especificadas. Nesse caso, as propriedades determinadas pelo projetista têm prioridade sobre todas as propriedades físicas da base de dados e, por conseguinte, o software utilizá-las-á.

A segunda opção: utilizar a base de dados Aspen Properties

O software B-jac fornece acesso a bases de dados de propriedades físicas dos materiais no módulo de propriedades Aspen, que é um software separado no conjunto de software de engenharia Aspen.

Seleção de flash

Quando o projetista consulta o banco de Propriedades Aspen e prepara o arquivo desejado com extensão APPDF, ele deve selecionar as configurações para o cálculo do flash que o B-jac utilizará para obter as propriedades de equilíbrio e os diagramas de equilíbrio vapor-líquido.

Opções de condensação/vaporização

A folha de opções de condensação ou evaporação inclui as seguintes secções. Note-se que, se optar por utilizar o interior do tubo, esta janela não será visível sem mudança de fase.

Método de cálculo da curva de condensação e evaporação:

- Modelo ideal

Se escolher este método, o programa utilizará a lei dos gases ideais para a fase de vapor e a lei da solução ideal para a fase líquida. Este método pode ser utilizado quando não se dispõe de informação suficiente sobre o grau de não-idealidade do sistema. Este método é permitido para o número de componentes até 50 componentes.

- Modelos NTRL, Wilson, Van Laar, Uniquac

Estes modelos são adequados para misturas não ideais e requerem a determinação de parâmetros de interação molecular. Estes modelos podem ser utilizados para um máximo de 10 materiais. Cada uma destas equações tem parâmetros de interação molecular para cada par de componentes. Além disso, o modelo termodinâmico Uniquac necessita de um parâmetro de superfície e de um parâmetro de volume e o modelo NTRL necessita de um parâmetro alfa. O método de Wilson é adequado para misturas binárias fortemente não-ideais, como álcool-hidrocarboneto. O modelo Uniquac pode ser utilizado para equilíbrios vapor-líquido e líquido-líquido, bem como para soluções contendo moléculas pequenas e grandes e polímeros. Neste modelo, os parâmetros de interação molecular são menos dependentes da temperatura em comparação com as equações de Van Laar e Wilson.

- Modelos Chao-Seader, Peng-Robinson, Soave-Redlich-Kwong

Estes modelos são utilizados para misturas não ideais e não requerem parâmetros de interação molecular. PR, os modelos termodinâmicos SRK são adequados para sistemas que contêm hidrocarbonetos, azoto, dióxido de carbono, monóxido de carbono e outros componentes com polaridade fraca. Também podem ser utilizados para sistemas que contenham azeótropos, sistemas com componentes dependentes, como a água e o álcool, e para prever as propriedades da fase de vapor a qualquer pressão. O método CS utiliza as equações SRK para a fase de vapor não ideal e uma equação empírica para a fase líquida não ideal. Este método é recomendado para as aparas de petróleo com pressão inferior a 68 bar e temperatura superior a -18 graus Celsius. A utilização destes métodos é permitida para o número de componentes até 50 componentes.

Estimativa da queda de pressão para o lado quente/frio:

O projetista deve fazer uma estimativa da queda de pressão no lado quente/frio do permutador. O software utiliza esta queda de pressão para determinar a curva de equilíbrio VLE. Se a pressão real nos resultados diferir em mais de 20% desta queda de pressão, o software estima um novo valor para a queda de pressão e volta a executar o software.

Tipo de cálculo da curva de condensação:

- Condensado integral

Neste tipo de condensação, assume-se que o vapor e o condensado criados estão juntos e que o equilíbrio entre o vapor e o líquido ainda se mantém. A condensação no interior de um tubo vertical é o melhor exemplo de condensação integral.

Outros modos que estão mais próximos do condensado integral são: condensado do lado do tubo em modo horizontal, condensado do lado do casco em modo vertical e também condensado do lado do casco quando o fluxo é transversal.

- Condensação diferencial

Neste tipo de condensação, o condensado constituído por vapor é separado, pelo que o equilíbrio vapor-líquido é variável e a temperatura do ponto de orvalho diminui. Este tipo de condensação ocorre no condensador de reflexo de ricochete, onde o condensado é direcionado para a entrada de vapor para sair. A condensação no lado do invólucro no estado horizontal em invólucros do tipo E e J é um estado entre estes dois tipos de condensação. Se o projetista quiser ser cauteloso, escolhe o tipo diferencial para este tipo de sistema. No entanto, normalmente estes conversores são projectados de forma integral. Assumindo a condensação integral, a quantidade de condensação calculada será maior do que a do tipo diferencial. Por conseguinte, no projeto do conversor com o método integral, espera-se uma temperatura média mais elevada em comparação com o método diferencial.

O efeito da queda de pressão na condensação e evaporação:

A predefinição nos cálculos de equilíbrio é a pressão constante ao longo do transdutor. Se o projetista selecionar a opção Ajustar curva no separador de opções de condensação/evaporação, o programa considerará a queda de pressão com base no passo de temperatura ao longo da curva de condensação ou evaporação. Se a queda de pressão for estimada para o lado quente ou frio, o programa utiliza esta queda de pressão para ajustar a curva VLE. Se a queda de pressão real for mais de 20% diferente da pressão estimada, o projetista ajusta os valores de queda de pressão com a pressão real e executa o programa novamente. O programa de cálculo do VLE não permite que o condensado volte a flutuar. Se os cálculos mostrarem que a evaporação flash ocorrerá novamente, o programa prevê uma queda de pressão estimada mais baixa.

Composição do lado quente/frio

A folha de composição determina a composição dos materiais no fluxo e é a base para os cálculos das propriedades físicas e inclui: componentes de composição, quantidades de vapor e líquido de entrada e saída, o tipo de componentes e a sua fonte de informação.

Componentes da composição:

Os componentes do fluxo podem ser obtidos através da especificação do nome da composição na base de dados do software. Quando o software necessita de calcular a curva de equilíbrio vapor-líquido, o projetista pode obter as propriedades físicas dos componentes únicos utilizando a entrada Fonte, que é depois utilizada para determinar a composição final.

Entrada e saída de vapor e líquido:

Nesta secção, é especificada a razão de corrente em cada fase, que depende dos componentes da composição. Se a base de dados for consultada para obter as propriedades físicas, os compostos de entrada devem ser especificados. Se os compostos de saída não forem conhecidos, o software estima-os como compostos de entrada. Os dados são colocados numa coluna para calcular os componentes dos compostos.

Tipo de componentes:

A secção do tipo de componente é activada e pode ser alterada quando a aplicação no interior da tubagem é definida como um tipo de condensado multicomponente. O tipo de componentes inclui componentes não condensáveis e condensáveis e imiscíveis. Se a aplicação no interior do tubo for definida como um tipo de evaporação multicomponente, o tipo de componente incluirá uma substância inerte. A seleção destes itens permite que a aplicação identifique essas combinações e as introduza no software. Se o utilizador não tiver a certeza do tipo de componentes, deve selecionar a opção de seleção pelo programa para que o software reconheça o tipo de material. Mas, em geral, é preferível que o tipo de componentes seja introduzido pelo projetista. Se o componente não produzir qualquer líquido à temperatura mais elevada do condensador, é melhor considerá-lo não condensável.

Fonte de informação:

Este recurso só está disponível para componentes para os quais o software calcula curvas de equilíbrio vapor-líquido. A fonte dos componentes pode ser a base de dados do software ou os dados do projetista.

Propriedades do lado quente / frio

Os dados relativos às propriedades físicas do fluido são introduzidos nas seguintes secções: folha de balanço vapor-líquido, folha de propriedades do líquido, folha de propriedades do vapor, folha de componentes não condensáveis

Segue-se uma explicação de algumas das informações que podem ser vistas nestas fichas:

Temperatura:

Existem parâmetros de temperatura em todas as três folhas de balanço vapor-líquido, propriedades do líquido e do vapor, e o projetista deve fornecer as propriedades necessárias a estas temperaturas ao software, se o projetista pretender introduzir a curva de equilíbrio vapor-líquido no software para cálculos com base nela, deve especificar vários pontos de temperatura na curva. Recomenda-se a determinação do ponto de orvalho e do fluxo de bolhas. As curvas de condensação devem ter pontos de orvalho e as curvas de evaporação devem ter pontos de bolha. Não é necessário que o primeiro ponto da curva corresponda à temperatura de entrada do conversor, mas recomenda-se que o faça. As temperaturas que entram para o fluido sem mudança de fase devem incluir, pelo menos, as temperaturas de entrada e de saída. Além disso, para fluidos viscosos, a temperatura do fluido oposto deve ser considerada como a terceira temperatura. As temperaturas de entrada e de saída devem ser introduzidas quando há uma mudança de fase.

Carga térmica:

Para determinar a curva de equilíbrio da entalpia e da composição percentual, é necessário determinar um parâmetro que represente a carga térmica para cada temperatura. Para o efeito, é necessário determinar a carga térmica acumulada, a carga térmica adicionada ou a entalpia.

Composição vapor/líquido:

Para cada temperatura, deve ser especificado um parâmetro que represente a composição vapor/líquido. Para uma composição, podem ser determinados o caudal de vapor, o caudal de líquido e o componente de massa do vapor ou do líquido. Este software calcula outros parâmetros com base na informação de entrada e no caudal global que são especificados na secção de dados do processo. Os componentes de massa de vapor e de líquido são recomendados porque são independentes do caudal. Para condensadores complexos, esta combinação deve ser o caudal total de vapor não condensável.

Propriedades do líquido e do vapor:

As propriedades físicas necessárias dependem do tipo de aplicação. Se o banco de dados for utilizado para um fluido, não há necessidade de entrar informações de propriedades físicas. Naturalmente, é possível determinar qualquer propriedade consultando o banco de dados. Mas as propriedades especificadas são preferíveis às propriedades obtidas a partir da base de dados. Estas propriedades são introduzidas separadamente em folhas de líquido e folhas de vapor.

Outros dados neste ramo são: calor específico, coeficiente de condutividade térmica, viscosidade, densidade, tensão superficial, calor latente, peso molecular, coeficiente de difusão.

Geometria do permutador

O ramo "geometria e estrutura do conversor" é composto por seis sub-ramos, a saber: tipo de conversor, tubos, feixes de tubos, deflectores, dados de avaliação/simulação, bocais.

Tipo de permutador

Algumas das rubricas deste ramo são as seguintes:

- Tipo de cabeça frontal

A seleção do tipo de guarda-lamas dianteiro deve basear-se nas necessidades do permutador de calor.

- Tipo de concha

- Tipo de cabeça traseira

O tipo de flange traseira afecta a conceção térmica porque define a área do tubo exterior

- Posição do transdutor

Este item indica se o conversor deve ser colocado na horizontal ou na vertical

- Tipo de tampa frontal e traseira.

- Tipo de placa de tubo.

- Tipo de flange do lado quente e frio.

Tubos

Este ramo inclui a folha de tubos, a folha de lâminas e a folha geral, alguns dos seus pormenores são os seguintes

Tipo de tubo:

Os tubos dividem-se em dois tipos: tubos lisos e tubos com alhetas. Os tubos com alhetas externas são úteis quando o coeficiente de película do lado do invólucro é muito inferior ao coeficiente de película do lado do tubo. No entanto, estes tipos de tubos têm os seus próprios problemas e não são recomendados para processos em que existe um elevado nível de entupimento no lado do casco, ou em que o fluido no lado do casco é muito viscoso, ou para condensação quando a tensão superficial do líquido é elevada.

Diâmetro exterior do tubo:

Nesta secção, pode ser especificado qualquer tamanho, mas as relações são desenvolvidas com base em tamanhos de 10 a 50 mm. Se o tamanho do tubo não for conhecido, se for utilizada a norma ISO, é melhor começar com um diâmetro de 20 mm.

Espessura da parede do tubo:

A espessura da parede do tubo baseia-se na taxa de corrosão, na pressão e nas normas das empresas de fabrico. Se o projetista trabalhar com normas ANSI, a espessura segue as normas BWG. As predefinições do programa para a espessura da parede do tubo com base nas recomendações da TEMA estão sujeitas ao material do tubo, bem como à pressão do processo. Se a espessura da parede do tubo (fornecida ao software pelo projetista) não puder suportar a pressão interna, o programa emitirá um aviso após a verificação.

Rugosidade da parede interior do tubo:

A quantidade de queda de pressão nos tubos depende da rugosidade da superfície interna dos tubos. A predefinição do programa para todos os tubos é um tubo quase reto.

Caraterísticas da parede do tubo:

Na maioria dos países, a espessura da parede é expressa como uma média ou um mínimo. Esta opção tem um pequeno efeito na queda de pressão no lado do tubo e um efeito moderado no preço do conversor. Por defeito, o programa utiliza a média.

A distância centro-centro do tubo:

Esta distância deve ser aproximadamente 1,25 vezes o diâmetro exterior do tubo. Por vezes, devido a considerações de queda de pressão admissível no lado do invólucro, é melhor considerar esta distância maior, mas não se recomenda que seja superior a 1,5 vezes o diâmetro exterior. A distância máxima é recomendada pela TEMA em função do diâmetro exterior, da disposição do tubo e da classe TEMA.

Tipo de tubo:

O programa considera o aço-carbono como padrão, o que depende do tipo de processo, da corrosividade do fluido, etc.

Padrão de disposição dos tubos:

A disposição triangular é utilizada quando o objetivo é aumentar o coeficiente de película térmica no lado do casco e aumentar o número de tubos no plano do tubo e a limpeza mecânica do casco não é importante. Se for necessário limpar o exterior do tubo, recomenda-se a utilização da disposição quadrada e da disposição quadrada rodada. É de notar que a disposição quadrada rodada tem um coeficiente de película térmica e uma queda de pressão mais elevados em comparação com a quadrada, mas normalmente cabem menos tubos no plano do tubo. A disposição triangular rodada é raramente utilizada, porque o aumento do coeficiente de película térmica resultante do aumento da queda de pressão deste tipo de disposição é menor.

Deflectores

Tipo de deflector:

Os deflectores dividem-se em duas categorias principais: deflectores de cisalhamento e deflectores de grelha. Os deflectores de cisalhamento são placas perfuradas para a passagem de tubos, sendo cortado um pedaço, a que se chama janela de tubo. Os deflectores de uma fatia, duas fatias, três fatias e sem um tubo na janela são exemplos de deflectores de cisalhamento, e os deflectores de haste e espiral são também exemplos de deflectores de grelha. Os deflectores de rede são utilizados nos casos em que a queda de pressão admissível é baixa e o apoio dos tubos é importante para evitar vibrações.

Os deflectores de cisalhamento são o tipo mais comum de deflectores, especialmente os deflectores de fatia única, que são muito comuns e criam o coeficiente de película térmica mais elevado no lado do casco. Mas a sua queda de pressão é superior à de outros tipos. Os deflectores de fatia dupla com a mesma distância que os deflectores causam menos perdas (de 50 a 75 por cento), mas têm um coeficiente de película mais baixo no lado do casco. Os deflectores devem ter pelo menos uma fila de sobreposição, ou seja, esta sobreposição deve ter pelo menos o diâmetro de um tubo de 20 mm para um deflector de fatia única com um diâmetro de casco de 305 mm. medida que o diâmetro do casco aumenta, este mínimo deve aumentar. Para este efeito, são necessários dois pontos de sobreposição para deflectores de duas fatias, devendo este mínimo ser aumentado com o aumento do diâmetro.

Os deflectores de retenção são utilizados em reservatórios do tipo K, X quando não são necessários deflectores para direcionar o fluxo para o lado do reservatório. As chicanas sem tubos são utilizadas na janela para evitar a vibração dos tubos. Os deflectores de barra estão limitados à disposição quadrada dos tubos. Os deflectores em espiral são normalmente utilizados para uma disposição triangular de tubos.

Cortar os deflectores:

Nos deflectores de fatia única, o corte do deflector é proporcional à altura da janela do deflector em relação ao diâmetro do casco, e nos deflectores de fatia dupla e de três fatias, diz-se que é proporcional à altura da parte mais interior do deflector em relação ao diâmetro do casco.

Para um deflector de fatia única, o software permite cortes de 15-45%. O corte acima de 45% não é prático devido à falta de sobreposição correta dos deflectores. Cortes inferiores a 15% também não são práticos porque conduzem a uma elevada queda de pressão na janela do deflector. Geralmente, um corte de cerca de 25% é ótimo. Para deflectores de dois e três cortes, os deflectores são cortados de modo a que a janela do deflector central seja a maior, o programa obtém automaticamente o tamanho da janela dos outros deflectores para o mesmo nível de passagem. A gama de corte do deflector para dois e três cortes é de 30 a 40% e de 15 a 20%, respetivamente.

Direção de corte dos deflectores:

Esta opção depende muito da aplicação do lado do casco. Nos conversores verticais, a direção de corte não tem grande influência e pode afetar o número de tubos nos conversores verticais de várias passagens. Mas é muito importante nos conversores horizontais. Para fluido monofásico em casco horizontal, é preferível o corte horizontal. Naturalmente, também podem ser utilizados tipos verticais e rotativos. A direção de corte não afecta a eficiência, mas afecta o número de tubos nos conversores multipasse. Quando a velocidade é baixa, pode provocar a separação e a estratificação da mistura multicomponente.

O corte laminado é raramente utilizado, sendo a sua única utilização para feixes de tubos permutáveis com múltiplas passagens de tubos numa disposição quadrada laminada. Neste caso, o número de tubos pode ser aumentado. Quando a condensação ocorre no lado horizontal do casco, o corte deve ser sempre vertical para que o condensado possa mover-se livremente na parte inferior do conversor. Estes deflectores são normalmente drenados (em forma de V), o que se designa por entalhe. Quando a ebulição da piscina ocorre no lado do casco (se forem utilizados deflectores de corte), o corte deve ser vertical.

Quando a evaporação por rotação forçada ocorre no lado do casco, para minimizar a separação de líquido e vapor, o corte deve ser horizontal. Em deflectores de duas e três fatias, é preferível um corte vertical porque suporta melhor a pega do tubo do que um corte horizontal.

Dados de classificação/simulação

Se o objetivo do estudo é avaliar e simular um conversor existente, deve ser especificada a seguinte informação geométrica. Para as informações não introduzidas pelo projetista, o programa considera as suas predefinições. A informação que deve ser introduzida é:

- Diâmetro externo ou interno do invólucro

Quando o casco é feito por laminagem e soldadura de uma placa, não importa se o diâmetro exterior ou o diâmetro interior é especificado, mas quando o casco é um tubo normalizado, é preferível especificar o diâmetro exterior. O programa encontra o diâmetro interior a partir da linha de tubos normalizados. Para o conversor tipo chaleira, este valor é o diâmetro próximo da flange frontal, não o diâmetro maior da secção de vapor do corpo da chaleira.

- Espaçamento dos deflectores

Esta distância é a distância de centro a centro dos deflectores intermédios entre si.

- Espaçamento do deflector primário

Este valor é a distância do primeiro deflector ao bocal de entrada do reservatório, para reservatórios do tipo G, J, H, X, esta distância é a distância do centro do bocal ao deflector seguinte. Estes reservatórios devem ter um deflector de retenção por baixo do bocal de entrada. Se este valor não for fornecido como entrada, é calculado através da distância centro a centro dos deflectores e da distância final (também o comprimento do tubo). Se a distância do deflector final não for fornecida, a distância restante é calculada a partir dos deflectores intermédios e atribuída igualmente às distâncias inicial e final.

- Número de deflectores

A introdução deste valor é facultativa. Se o número de deflectores e a distância entre o deflector inicial e o deflector final não estiverem disponíveis, podem ser estimados dividindo o comprimento do tubo pela distância entre os deflectores menos um. Mas se o número de deflectores não for conhecido, é melhor deixar o cálculo para o programa, neste caso o programa irá considerar o tamanho dos bocais e a espessura da placa do tubo.

- Espaçamento do deflector final

Este valor é a distância do último deflector ao bocal de saída.

- Comprimento do tubo

Para além do comprimento de transferência de calor, este comprimento deve também incluir o comprimento do tubo no interior da placa de tubos. Para tubos em forma de U, este comprimento é do início do tubo até ao ponto tangente da secção em forma de U.

- Número de tubos

Este valor é o número de orifícios na placa de tubos, que é igual ao número de tubos rectos. O programa verifica este valor para determinar se este número cabe ou não na placa de tubos. Se este valor não for fornecido ao programa, o programa calcula-o utilizando o subprograma de disposição de tubos.

- Número de cascas em série e em paralelo

Se existirem vários conversores, deve ser especificado o número de cascas em série ou em paralelo. Deve-se notar que o programa requer que ambos os lados da casca e do tubo sejam os mesmos (ambos em série ou ambos em paralelo). Podem existir vários conversores tanto em paralelo como em série. Por exemplo, dois conjuntos paralelos com três conversores em série em cada conjunto significa um total de 6 conversores.

- Diâmetro interior e exterior do invólucro do tipo chaleira

Para cascas feitas por laminagem e soldadura de chapas, pode ser especificado o diâmetro interior ou exterior. Mas para cascas que utilizam tubos, é melhor especificar o diâmetro exterior. O programa calcula o diâmetro interior do tubo a partir da norma existente.

- Opção de disposição dos tubos

Para executar o programa, pode criar a disposição dos tubos a partir do zero ou utilizar a disposição existente. Para a segunda opção, o projetista deve primeiro executar o Hetran para fixar o arranjo e, em seguida, selecionar o arranjo existente. Para ativar esta opção, as propriedades do espelho de tubos devem executar Fix Layout e, em seguida, selecionar um layout existente. Para ativar esta opção, as caraterísticas da chapa de tubo devem ser fixadas. O padrão do programa é criar um novo layout em cada execução.

- Número de passagens de tubos.

- Diâmetro interior e exterior das correias de distribuição de vapor.

- Comprimento da correia de distribuição de vapor.

Este comprimento é aproximadamente dois terços do comprimento do casco. O comprimento especificado afecta a queda de pressão da área de entrada.

- Espessura do cilindro do casco

Se o diâmetro exterior do invólucro for conhecido, o programa calcula o diâmetro interior e determina o OTL e o número de tubos.

- A espessura do cilindro da garra frontal

- Espessura da chapa do tubo dianteiro e traseiro

- Espessura do deflector

Bicos

Os bicos são colocados no casco e na concha para transferir o fluido para o conversor e retirá-lo. Os bocais são tubos que estão ligados ao corpo do conversor. O diâmetro dos bocais é muito importante devido à queda de pressão e também à velocidade do fluido que entra.

O número de bocais é determinado pelo tipo de reservatório. Mas qualquer número e qualquer posição (numa concha ou casco) pode ser considerado. A direção lógica dos bicos deve ser a seguinte:

1- O fluido que é arrefecido deve entrar por cima e sair por baixo.

2- O fluido que é aquecido deve entrar por baixo e sair por cima.

É preferível deixar que o programa determine a direção dos bicos por si próprio. Se o projetista pretender especificá-la, deve certificar-se de que é consistente com o corte dos deflectores e o número de deflectores. Por exemplo, se o número de deflectores for ímpar e os deflectores tiverem um único corte horizontal, é necessário que a direção dos bicos seja semelhante. O programa especifica-o por defeito.

- O diâmetro exterior da cúpula do bocal

que é o diâmetro nominal do local abobadado que liga o bocal ao corpo

- Classe de flange do bico

A especificação da classe de flange do bocal não afecta os cálculos de conceção térmica ou a estimativa de preço e apenas torna as caraterísticas do conversor mais completas. Os gráficos de pressão-temperatura são criados no programa. Se o projetista permitir que o programa especifique a classe, o programa selecionará a classe de flange do bocal adequada com base na pressão e temperatura de projeto.

- Tipos de formas de flanges de bicos

Por defeito, o programa assume que a forma da flange do bico é plana. Podem também ser determinadas outras formas, tais como face saliente e lingueta/ranhura.

- Direção do fluxo da primeira passagem dos tubos

Para conversores de uma passagem em casco-um-tubo ou de duas passagens em casco-dois-tubos, o projetista pode considerar a direção das correntes como alinhada ou não alinhada. Mas para a disposição de várias passagens de tubos, a direção do primeiro fluxo será determinada com base no bocal de entrada da secção do casco.

- Localização do bocal na curva em U

O programa predefinido consiste em colocar o bocal na curva em U, entre o suporte do tubo na secção em U e o primeiro deflector. Ao colocar o bocal neste local, evita-se a passagem de fluido através da curva em U, o que provoca vibrações. Geralmente, a área de superfície da curva em U não é considerada como a superfície efectiva de transferência de calor devido à não uniformidade da distância entre os tubos.

Dados de projeto

Os dados de projeto estão divididos em três partes:

- A. Restrições de conceção.
- B. Especificações de conceção.
- C. Materiais.

A) Limitações de conceção

Existem dois tipos de limitações de conceção. O primeiro tipo, que é dado no separador Venda/Pacote, inclui principalmente as limitações das variáveis de decisão do programa. O segundo tipo são as restrições secundárias que existem nas funções de objetivo. Este tipo de limitação é a limitação do processo que é dada no separador Processo, tal como a velocidade permitida na tubagem e no casco (máxima e mínima), a quantidade máxima de queda de pressão na secção do casco e da tubagem, a percentagem máxima da queda de pressão total nos bocais e a superfície mínima em excesso para a transferência de calor.

As limitações do primeiro tipo incluem o seguinte:

- Diâmetro mínimo e máximo do casco (2 e 72 polegadas, respetivamente)

- Passo do diâmetro: Quando o casco é feito a partir de uma folha moldada, o software considera o passo do diâmetro como a quantidade de aumento do diâmetro no modo de projeto. Se a casca for feita de tubo, este parâmetro é ignorado.

- Comprimento mínimo e máximo do tubo (4 e 20 pés, respetivamente)

- Passo do comprimento do tubo para aumentar e diminuir durante a otimização

- Número mínimo e máximo de passagens de tubos

- Passo número de passagens de tubo

- Distância mínima e máxima de centro a centro dos deflectores

- Referência do diâmetro do casco - diâmetro interno ou externo: quando o diâmetro externo é selecionado nesta opção, os diâmetros externo e interno do casco e do cilindro frontal serão os mesmos. Quando é necessária uma espessura elevada do casco, é melhor definir o diâmetro interno do casco de referência para evitar o aumento da distância entre o diâmetro interno e o O.T.L.

- Utilizar chapa para produzir o casco em vez de utilizar tubo em diâmetros baixos: a predefinição do programa é utilizar tubo em diâmetros baixos. Se houver necessidade de aumentar o diâmetro da casca com uma certa precisão, a opção plat deve ser utilizada para diâmetros inferiores a 24 polegadas.

- Mínimo de cascas paralelas e em série (por defeito, o programa define um para ambos os modos)

- O número de deflectores permitidos: este número é particularmente importante para os deflectores de corte único nos conversores horizontais. Se o número de deflectores de fatia única for par, os bocais de entrada e de saída estarão em direcções opostas e, se for ímpar, os bocais de entrada e de saída estarão na mesma direção.

- Utilização de deflectores sob os bocais: Os deflectores não devem ser colocados sob os bocais porque perturbam a distribuição do fluxo nas áreas de entrada e saída e reduzem a eficiência da superfície de transferência de calor nessas áreas, mas quando os bocais de entrada e saída são suficientemente grandes para causar A utilização de deflectores e suportes sob os bocais justifica-se para tubos com um comprimento ilegal sem suporte, e também quando os tubos são propensos a vibrações.

- Utilização de corte proporcional para o deflector: no modo de projeto, o programa seleciona o corte do deflector com base no tipo de deflector e no desenho do lado da casca. Mas nos deflectores de fatia única, é necessário manter o equilíbrio entre a velocidade do fluxo transversal e a velocidade na janela. Ao escolher o rácio entre o corte do deflector e o espaçamento do deflector, quando o espaçamento do deflector aumenta, o programa de corte do deflector aumenta.

O segundo tipo de restrições são as restrições de processo, que são descritas a seguir:

1- Perda de carga admissível: Embora a perda de carga admissível deva ser normalmente inferior a 40% da pressão de funcionamento, pode ser determinado qualquer valor para a perda de carga máxima nas secções do casco e da tubagem. O programa não tem um modo por defeito.

2- Velocidade mínima do fluido: A velocidade mínima para um projeto que o programa considera para duas partes do casco e do tubo. Normalmente, este valor não é alterado na otimização para encontrar as melhores dimensões do conversor. Se a velocidade for inferior a este valor, será apresentada uma mensagem de aviso nos resultados.

3- Velocidade máxima do fluido: Esta opção é um dos controladores de otimização. No lado da casca, significa velocidade transversal. No escoamento bifásico, a velocidade da fase vapor é considerada no ponto onde há mais vapor.

4- A percentagem mínima de superfície adicional necessária: na realidade, este valor é o fator de confiança no projeto. O programa projecta o conversor considerando este valor. Não existe uma predefinição para este valor.

5- A queda de pressão máxima permitida para cada bocal: é o valor máximo que é permitido para a queda de pressão dos bocais.

b) especificações de projeto

Os pormenores das opções deste ramo são apresentados a seguir:

- Norma de conceção

O utilizador deve escolher uma das quatro opções: a norma americana ASME, a norma francesa CODAP, a norma alemã AD-Merkblatter ou normas diversas. Por vezes, esta norma tem um impacto significativo na conceção térmica, porque o código de conceção determina a espessura necessária do invólucro, das tampas, a espessura da placa do tubo, o tamanho das flanges e a resistência do bocal e a sua localização. Os cálculos de conceção mecânica são muito complexos e os cálculos do Hetran apenas incluem alguns cálculos básicos de conceção mecânica. Esta entrada existe no software para fornecer especificações mais completas do permutador de calor.

- Classe TEMA

Se o projeto pretender que o permutador de calor seja concebido de acordo com as normas TEMA, deve escolher uma classificação adequada, incluindo a classe B para as indústrias químicas, a classe R para as indústrias de refinação e a classe C para uso geral. Se esta norma não for exigida no projeto, o código de projeto selecionado é utilizado para calcular o projeto mecânico. O API 661 também pode ser utilizado.

 - Norma do material

O projetista pode utilizar uma das normas ASTM, AFNOR ou DIN.

- Dimensões standard

As normas dimensionais incluem a norma americana ANSI, a norma internacional ISO e a norma alemã DIN e são utilizadas para aspectos como as dimensões dos tubos, as classificações das flanges dos bicos e as dimensões dos parafusos. Para além dos itens mencionados, a norma DIN também é utilizada para coisas como o passo do tubo. Basicamente, a seleção de normas dimensionais serve apenas para completar as especificações completas do permutador de calor e tem pouco impacto na conceção térmica e mecânica.

- Pressão de projeto

O significado de pressão de projeto é a pressão que é utilizada nos cálculos de projeto mecânico e afecta a espessura do casco, flange e placa do tubo e, consequentemente, afecta o projeto térmico. Se o projetista não especificar um valor para a mesma, o software considerará a pressão de funcionamento mais 10% arredondada para a pressão de projeto.

- Temperatura de projeto

O significado de temperatura de projeto é a temperatura que é utilizada nos cálculos de projeto mecânico e que afecta a espessura do invólucro, da placa do invólucro e do tubo, afectando assim o projeto térmico. Se o projetista não especificar um valor, o software assumirá a temperatura de funcionamento mais elevada mais 33 arredondada para cima.

- Pressão de projeto do vácuo

Se o permutador for projetado para troca de calor em vácuo relativo, o projetista deve especificar um valor para a pressão absoluta de projeto. Os cálculos básicos de projeto mecânico não consideram a pressão externa, pelo que este parâmetro não afeta o projeto térmico.

- Quantidade admissível de corrosão

A quantidade permitida de corrosão inclui os cálculos da espessura de todos os cilindros e chapas do conversor e tem pouco efeito no projeto térmico. O pressuposto do software para este parâmetro é de 3,2 mm para o aço carbono e zero para outras ligas.

Definições do programa (Opções do programa)

A secção de definições do programa está dividida em duas secções:

- Análise térmica

- Códigos de modificação

Análise térmica

Os pormenores de alguns itens deste ramo são os seguintes:

- Coeficiente de transferência de calor

Os coeficientes de transferência de calor são os principais valores que o projetista espera que o software calcule. No entanto, em alguns casos, como na simulação, o projetista pode querer introduzir os valores desejados para que o software os utilize. O projetista pode determinar nenhum dos valores, um deles ou ambos.

- Valor crescente do coeficiente de transferência de calor

O projetista pode determinar o coeficiente que aumenta o coeficiente de película, que é calculado pelo software. Se o utilizador tiver uma combinação, como inserções de tubos ou tubos com alhetas internas, que o software não abranja, os cálculos podem ser corrigidos introduzindo um valor de coeficiente crescente. Além disso, o projetista pode utilizar um fator de redução (inferior a um) para estabelecer um fator de segurança para o fator de película, o que indica que o utilizador não tinha a certeza da composição e das propriedades do escoamento do fluido.

- Valor crescente para a queda de pressão

À semelhança dos coeficientes de transferência de calor, o projetista pode introduzir o coeficiente de perda de carga calculado pelo software. O aumento da perda de carga não tem qualquer efeito sobre a perda de carga à entrada e à saída dos bicos e bocais. Estes potenciadores podem ser utilizados de forma independente ou dependentes dos potenciadores do fator de película.

- Diferença média de temperatura

Embora o software calcule normalmente a diferença média de temperatura, o projetista pode definir um valor para a mesma.

- Fator de correção mínimo permitido para a diferença de temperatura média

A maioria das curvas do fator de correção tem um declive muito acentuado para valores inferiores a 0,7. Por isso, no modo de dimensionamento, o software assume um valor mínimo de 0,7 como fator de correção antes de introduzir as cascas múltiplas sucessivas. No modo de avaliação, o valor deste parâmetro é assumido como sendo 0,5. Com este parâmetro de entrada, o projetista pode determinar um valor superior ou inferior.

- Temperatura de proximidade mínima permitida

O projetista pode determinar a temperatura mínima de proximidade do fluido. Se necessário, o software aumenta o número de cascas consecutivas de acordo com este valor.

- Fluxo de calor máximo admissível

Nas aplicações de evaporação, é frequentemente importante limitar o fluxo de transferência de calor para evitar a produção rápida de demasiado vapor (o que leva à formação de uma película de vapor e a uma diminuição rápida do coeficiente de transferência de película). O software tem limitações para o fluxo de calor, mas o projetista também pode aplicar as suas limitações definindo um valor para este parâmetro.

- Direção da corrente para um conversor de passagem única

Em aplicações específicas, o projetista do economizador pode ter modos de caudal contra-fluxo ou unidirecional, com base nos quais se obtém a distribuição da força motriz.

- O número mais elevado de repetições do modo de conceção

No modo de conceção, o software repete todos os parâmetros de conceção para obter o preço mais baixo do produto. O designer pode definir o número máximo de iterações para a otimização.

- Tolerância do modo de simulação

O projetista deve especificar o erro admissível dos cálculos para o modo de simulação do software e deve ter em conta que um erro admissível demasiado baixo pode resultar em mais tempo para o cálculo.

- Número de intervalos de cálculo

O software de conceção do permutador de calor divide-o em secções mais pequenas e este parâmetro indica o número destes intervalos.

Alterar códigos

Alguns parâmetros não têm um valor de entrada em determinadas páginas de entrada e só podem ser determinados através da utilização de códigos de modificação. A forma de escrever estes códigos é como (CODE = valor).

Estes códigos são processados depois de todas as outras entradas e têm precedência sobre todos os valores anteriores. Por exemplo, se o projetista determinar o diâmetro exterior do tubo numa determinada página de entrada, 20 mm, e depois introduzir o valor do código de alteração (TODX=25), será preferível o valor 25/20. Se o mesmo código for introduzido mais do que uma vez, o último valor será importante.

Uma das utilizações mais importantes desta folha é fornecer um percurso visual das várias alterações que o designer efectuou durante a implementação do software. Para este efeito, recomenda-se que o designer faça alterações para diferentes opções de um determinado desenho, numa linha separada.

Outra utilização útil deste separador é o encadeamento com outro ficheiro que contenha apenas códigos de alteração. Será adequado se o desenhador tiver uma série de desenhos padrão que pretende utilizar num desenho semelhante. O desenhador pode fazê-lo utilizando o código FILE que vem depois do nome do ficheiro desejado. O ficheiro mencionado deve ter a extensão BJI. O designer pode fazer alterações a este ficheiro de código utilizando um programa de edição padrão.

Resultados

Os resultados da execução do software e dos cálculos são divididos em quatro partes principais, que são:

- Resumo da conceção.
- Resumo térmico.
- Resumo mecânico.
- Detalhes do cálculo.

Resumo do estado do projeto

A secção de resumo do estado da conceção está dividida em quatro partes, que são

A) Resumo dos dados de entrada (Resumo das entradas)
B) Caminho de otimização
A) Recapitulação de desenhos e modelos
B) Avisos e mensagens

A) Resumo dos dados de entrada

Esta secção fornece ao projetista um resumo da informação especificada no ficheiro de entrada. Recomenda-se que o projetista imprima os dados de entrada como parte da saída para facilitar a reutilização no projeto.

B) Caminho de otimização

Esta parte da saída está relacionada com a parte de raciocínio do software e mostra alguns dos permutadores de calor que o software avaliou e tentou criar condições para um projeto satisfatório. Estas concepções intermédias podem mostrar as limitações que existem no controlo da conceção, bem como os parâmetros que o projetista pode alterar para uma maior otimização.

Para ajudar o projetista a saber quais as restrições que estão a controlar o projeto, as condições que não cumprem as especificações desejadas pelo projetista são indicadas por um asterisco (*) junto ao valor desejado. Se o transdutor tiver um nível baixo, o símbolo de asterisco aparece junto ao comprimento necessário da tubagem e, se exceder o máximo permitido, junto à queda de pressão.

c) Revisão dos projectos

Nesta fase, o projetista revê a forma geométrica e a eficiência de todos os projectos até ao ponto desejado. Esta comparação detalhada permite ao utilizador determinar o impacto de várias alterações de design e selecionar o melhor transdutor para a aplicação pretendida. Presume-se que esta visão geral forneça ao projetista o mesmo resumo de informações que o mostrado na secção do caminho de otimização. O projetista pode alterar as informações exibidas nesta guia com a opção Customize (Personalizar). O projetista pode selecionar o item que pretende projetar consultando a lista Recap e selecionando a opção Select Case. O software recria os resultados do projeto para o item selecionado.

D) Avisos e mensagens

Se o software encontrar problemas ocultos no desenho, estes avisos, limitações, advertências e mensagens de erro são mostrados nesta parte da saída. Estas mensagens são anunciadas no caso de ocorrer um problema, mas é claro que o software continua a funcionar.

- Mensagens de aviso: Estas mensagens indicam a ocorrência de problemas, apesar dos quais o programa continuará a funcionar.

- Mensagem de erro: Esta mensagem indica a criação de condições inaceitáveis para o programa. Se for apresentada uma mensagem de erro, o software não pode continuar o seu trabalho.

- Mensagem de limite: Significa que as condições de projeto estão fora do intervalo definido para o programa.

- Mensagem de nota: É uma condição que deve ser tida em conta para encontrar um projeto e fornecer uma solução adequada, por exemplo, os limites da velocidade admissível do fluido

- Mensagem de sugestão: Nestas mensagens, são dadas sugestões para melhorar o desenho.

Resumo do estado térmico

Esta secção resume os cálculos de transferência de calor, as quedas de pressão e os níveis necessários. Para que o projetista possa tomar as decisões necessárias para a conceção térmica, é-lhe fornecida informação suficiente.

A secção de resumo do estado térmico está dividida nas quatro partes seguintes:

a) Desempenho.

b) Coeficientes e diferença média de temperatura (Coeficientes e MTD).

c) Queda de pressão.

d) Ficha TEMA.

A) Desempenho.

Esta secção fornece um resumo dos requisitos do processo, valores básicos de transferência de calor e coeficientes de transferência de calor. Esta parte dos resultados apresenta-se sob a forma de duas folhas de análise do desempenho geral e da resistência térmica, que são aqui explicadas.

- Desempenho geral

Nesta secção, as velocidades do fluido são apresentadas separadamente para a entrada e saída de gases e líquidos dentro e fora do tubo. Para aplicações de mudança de fase, as temperaturas de entrada e de saída em ambos os lados do conversor são dadas juntamente com as temperaturas do ponto de orvalho e de bolha. No caso de ocorrer uma mudança de fase no permutador de calor, os coeficientes da película de transferência de calor no interior e no exterior do tubo são indicados como a sua média ponderada. Em aplicações monofásicas, a velocidade é baseada na densidade média. A velocidade nos condensadores é baseada nas condições de entrada e nos evaporadores é baseada nas condições de saída. São dados parâmetros gerais de desempenho, tais como a quantidade de permuta de calor, a diferença média de temperatura com qualquer fator de correção aceite e a superfície efectiva global. Nas aplicações de mudança de fase multicomponente, a média ponderada da diferença de temperatura média é calculada com base na curva térmica. A estrutura do conversor, que é preparada no resumo do estado, inclui: Tipo de TEMA, localização do conversor, número de cascas paralelas e consecutivas, tamanho do conversor, número de tubos e diâmetro externo do tubo, tipo e corte do deflector e número de passagens de tubo.

- Análise da resistência térmica

Esta secção fornece ao projetista informações para o ajudar a avaliar os níveis exigidos em condições limpas, deposição prevista e condições de deposição máxima. A condição limpa assume que não há sedimentos e o coeficiente global não inclui a resistência dos sedimentos e, utilizando este coeficiente global limpo, os níveis desenvolvidos exigidos são cumpridos.

As condições de deposição previstas, em suma, descrevem o desempenho do conversor com um coeficiente global baseado na deposição prevista. No estado de deposição máxima, o software utiliza os factores de deposição e, dependendo da superfície de transferência de calor disponível, aumenta (se o permutador de superfície tiver mais do que o necessário) ou diminui (se o permutador de superfície tiver menos do que o necessário). A distribuição da resistência global permite ao projetista avaliar facilmente as resistências térmicas. O projetista deve olhar para a coluna Clean para determinar qual o coeficiente de película que está a limitar, e depois olhar para Spec.Foul para ver o efeito das resistências de incrustação. A diferença entre a superfície adicional na condição limpa e a condição de incrustação prevista é a quantidade de superfície que é adicionada devido à presença de incrustação. O projetista deve avaliar a viabilidade de resistências específicas de depósito quando estas ocupam uma grande parte da superfície, ou seja, mais de 50% da superfície.

b) Coeficientes e diferenças de temperatura média

Esta secção mostra os diferentes componentes de cada fator de película. Dependendo da aplicação, serão apresentados um ou mais dos coeficientes de transferência de calor de refrigeração de vapor quente, condensado, coeficientes de transferência de calor sensível de vapor e líquido, coeficientes de ebulição e líquido subsaturado frio. O número de Reynolds ajuda facilmente o projetista a determinar o tipo de fluxo. O coeficiente de eficiência da palheta que é utilizado para corrigir a resistência térmica da película e a resistência do depósito no interior do tubo. A temperatura média do metal é a média das temperaturas de entrada e de saída fora do tubo. Esta temperatura é uma função do coeficiente de película de ambos os lados e é utilizada no projeto mecânico. A diferença de temperatura média corrigida para aplicações sem mudança de fase é o produto da diferença de temperatura média logarítmica pelo fator de correção. Para aplicações com mudança de fase, o processo é dividido em vários intervalos e, para cada um deles, é determinada uma diferença de temperatura média. A diferença de temperatura média global do permutador de calor é calculada com base na média ponderada destes intervalos com base na carga térmica.

A transferência de calor é o calor transferido por unidade de área, o que é importante em aplicações de ebulição onde uma elevada transferência de calor pode levar à formação de um revestimento de vapor entre a parede do tubo e o líquido. O valor do fluxo máximo de calor de entrada determinado pelo projetista é preferível ao fluxo calculado pelo software.

c) Queda de pressão

A distribuição da queda de pressão é uma das partes mais importantes da saída que deve ser analisada. O projetista deve ter em atenção se a queda de pressão ocorre em locais onde há pouca transferência de calor (como a entrada do bocal, a entrada do feixe tubular, entre o feixe tubular, a saída do feixe tubular e a saída do bocal) ou não. Se ocorrer uma grande queda de pressão no bocal, deve ser considerado o aumento do tamanho do bocal e, se a entrada e a saída do feixe tubular forem grandes, deve ser considerado o aumento da superfície do feixe tubular. O software calcula a queda de pressão do estado sedimentado na tubagem estimando a espessura do sedimento, que se baseia na resistência do lado do sedimento e reduz a área da secção transversal do fluxo.

A distribuição da velocidade entre os bocais de entrada e de saída é apresentada para referência do projetista. Para aplicações bifásicas, as velocidades de fluxo cruzado baseiam-se no fluxo máximo de vapor entre deflectores ou tubos.

Resumo do estado mecânico

A secção de resumo do estado mecânico está dividida em três secções:

A) Dimensões do permutador (Dimensões do permutador).

b) Análise de vibrações e ressonâncias.

c) Plano de configuração e esquema de tubagem.

A) Dimensões do conversor

As dimensões do casco, da carenagem frontal, do bocal, dos tubos e dos feixes de tubos são brevemente explicadas nesta saída. Alguns dos itens deste ramo são: diâmetro do cilindro, bocais, número e comprimento dos tubos, corte do deflector

B) análise de vibrações e ressonâncias

A vibração do tubo devido ao fluxo no invólucro do permutador de calor pode causar danos graves na pega do tubo. É importante limitar a possibilidade de vibração, efectuando alterações no processo de conceção para evitar possíveis danos por vibração. A norma TEMA inclui duas formas de análise de vibrações que são efectuadas nos programas Hetran.

c) Plano de instalação e disposição das tubagens

O plano de instalação cria um desenho geral do permutador de calor, no qual são especificados o tipo de flanges, o tipo de flanges, a posição dos bocais e a posição efectiva dos deflectores junto aos bocais de entrada e de saída do casco.

Um mapa de disposição de tubos cria um desenho geral da disposição de tubos selecionada, especificando os bocais do casco, os tubos, a placa de retenção, o corte do deflector, a passagem, a disposição dos tubos, o passo dos tubos e o número de tubos por fila. Este mapa é útil para compreender e resolver problemas de altas velocidades na entrada e na saída do casco e do feixe tubular.

Detalhes do cálculo

A secção de detalhes de cálculo está dividida em seis secções:

- Análise de intervalo - Lado do tubo.
- Análise de intervalo - Lado da casca.
- curva de equilíbrio vapor-líquido do lado quente (VLE - Hot Side).
- Curva de equilíbrio vapor-líquido do lado frio (VLE - Cold Side).
- Classificação máxima.
- Propriedade Limites de temperatura.

Análise dos intervalos no interior do tubo/casca

A secção de análise de intervalos fornece ao projetista uma tabela com valores das propriedades dos líquidos, propriedades do vapor, desempenho, coeficientes de transferência de calor e carga térmica na gama de temperaturas da secção do tubo. Esta informação será apresentada sob a forma de folhas como se segue:

- Propriedades líquidas.

- Propriedades do vapor.

- Desempenho.

- Coeficiente de transferência de calor - monofásico.

- Coeficiente de transferência de calor - condensado.

- Coeficiente de transferência de calor - evaporação.

- Carga térmica.

Curva de equilíbrio de vapor-líquido lado quente/frio

Se o software Hetran produziu a curva de calor, então a informação do balanço de vapor e líquido também será fornecida. Esta secção incluirá os seguintes resultados:

- Equilíbrio vapor-líquido.

- Pormenores da condensação/evaporação.

- Propriedades do vapor.

- Propriedades líquidas.

Introdução ao software Aerotran

O software Aerotran é um software concebido para conceber, avaliar e simular permutadores de calor nos quais o fluxo de gás passa através de um conjunto de tubos. Os tipos de conversores de ar que são cobertos pelo software Aerotran são: arrefecedores de ar, conversores economizadores de saída de fornos e peças móveis de fornos. Além disso, o software cobre a maioria das aplicações industriais deste tipo de conversores, incluindo condensadores, evaporadores e conversores sem mudança de fase. Para os permutadores de calor a ar, o programa pode calcular o número de ventiladores necessários para os modos de fluxo forçado e induzido e para diferentes tipos de pás. Em geral, o software tem três modos de execução: conceção, avaliação e simulação

No modo de desenho do programa para uma determinada quantidade de transferência de calor, optimiza o tamanho mínimo do permutador de acordo com a quantidade de transferência de calor, a queda de pressão permitida e as velocidades do fluido. Além disso, o software faz um projeto preciso com todos os detalhes em vários casos. Neste caso, o engenheiro de projeto pode alterar os parâmetros do caudal de ar ou a temperatura do fluido de saída de forma a permitir que o software optimize os custos de funcionamento ou o tamanho do refrigerador. Quando o software é executado, também especifica o caminho de otimização em pormenor, de modo a que o projetista tenha mais opções para o projeto adequado. Estas opções (ou, por outras palavras, concepções intermédias) mostram o efeito das restrições no controlo da otimização e indicam quais os parâmetros que devem ser modificados para reduzir o tamanho do permutador de calor.

No modo de avaliação, a eficiência de um refrigerador de ar existente com dimensões e condições de operação específicas deve ser examinada. Neste caso, o programa examina o nível de transferência de calor disponível para ver se o resfriador pode prever a resposta de transferência de calor nas condições de operação do fluxo de entrada e as condições dos fluxos de saída. Em geral, o Aerotran tem um amplo conjunto de dados de projeto padrão que ajuda o projetista a reduzir o volume de dados de entrada durante o projeto.

Para efetuar cálculos complexos de evaporação e condensação, em que é indispensável a informação do balanço vapor-líquido, o projetista, para além de poder fornecer ao software os dados de equilíbrio e as propriedades físicas desejadas a diferentes temperaturas, pode simplesmente utilizar a base de dados Utilizar o software.

O programa possui os métodos e procedimentos básicos de projeto mecânico baseados na norma API 661, pelo que pode ajudar muito o projetista na estimativa de custos. No entanto, o projeto mecânico detalhado está fora do âmbito do programa Aerotran.

Métodos de conceção do software Aerotran

No modo de conceção, o software procura uma configuração para o permutador de calor que proporcione as melhores condições de processo. Este software altera automaticamente uma série de parâmetros geométricos durante a pesquisa. Uma vez que o software atual não pode avaliar automaticamente todas as configurações possíveis, não pode conduzir a uma otimização total, mas o projetista pode fazer alterações na configuração que conduzam a uma melhor conceção.

O software procura uma conceção que proporcione o seguinte:

- Área de superfície suficiente para a transferência de calor necessária

- Queda de pressão dentro do intervalo permitido.

- Tamanho físico aceitável.

- Velocidades de fluido aceitáveis.

- Praticidade da construção mecânica.

Para além de todos os conteúdos mencionados, o software pode estimar o custo de cada conceção, embora o custo não afecte o raciocínio do software na otimização. Existem mais de 30 parâmetros mecânicos que afectam direta ou indiretamente a eficiência térmica do conversor, pelo que não é prático para o software avaliar todas as combinações destes parâmetros. Por conseguinte, o software altera automaticamente apenas um certo número de parâmetros que são relativamente independentes de considerações de processo, funcionamento, manutenção ou fabrico.

Os parâmetros que são automaticamente optimizados são: largura do feixe, número de filas de tubos, feixes em série e unidades paralelas, comprimento do tubo, número de passagens do tubo, número de tubos e número de ventiladores.

Outros parâmetros devem ser optimizados pelo engenheiro de projeto com base na visão de engenharia correta. Alguns dos parâmetros mais importantes são: diâmetro externo do tubo, tipo de lâmina, material, inclinação do tubo, dimensões da lâmina, tamanhos do bocal, tipo de tubo, densidade da lâmina, condições necessárias para o ventilador, espessura da

parede do tubo, orientação do conversor, disposição dos tubos e tipo de placa
do tubo.

Software para equipas

O programa Aspen Teams é um conjunto completo e abrangente de programas de computador para o projeto mecânico e avaliação de permutadores de casco e tubos e vasos de pressão básicos. No modo de projeto, o programa determina as dimensões ideais para todos os componentes com base nas caraterísticas do projeto.

No modo de avaliação, o programa controla as dimensões especificadas de cada componente para cumprir os códigos e normas aplicáveis com base nas condições de projeto. Para além dos cálculos do projeto mecânico, o programa apresenta uma estimativa de custos detalhada, uma lista de materiais completa e desenhos detalhados através de várias ferramentas gráficas.

O Aspen Teams abrange uma ampla gama de alternativas estruturais, incluindo todos os tipos de colares, flanges, bocais e juntas de expansão. Estes programas cumprem todas as disposições da norma da Associação de Fabricantes de Permutadores de Calor Tubulares (TEMA) e outros códigos de projeto mecânico. As versões disponíveis são compatíveis com ASME (código americano), CODAP (código francês) e AD Merkblatter (código alemão). Estes programas são regularmente actualizados com alterações e suplementos emitidos pela TEMA e pelas entidades responsáveis pela aplicação dos códigos.

O designer pode conceber todos os componentes num único programa, de modo a que o programa tenha em conta a interação de vários elementos, ou, se desejar, pode conceber cada programa separadamente. Cada secção pode ser concebida com as suas próprias caraterísticas.

Este programa optimiza a conceção de flanges, reforço de bocais e juntas de dilatação. E testa automaticamente muitas possibilidades e escolhe o melhor design com base em prioridades de trabalho especiais e custos de material.

 O programa Teams oferece um elevado grau de flexibilidade para a colocação de bocais, acoplamentos, suportes de conchas, juntas de expansão, pegas de elevação, bem como um controlo abrangente do desalinhamento entre acessórios. A aplicação Teams efectua cálculos de pressão interna e externa e fornece um resumo da espessura mínima para uma pressão externa assumida, a pressão externa máxima para uma espessura real, ou o tamanho máximo para uma determinada pressão externa e espessura real. O programa acede automaticamente à base de dados armazenada das propriedades do material, incluindo: densidade, pressão permitida, módulo de elasticidade, coeficiente de expansão térmica, condutividade térmica e espessura máxima.

As bases de dados disponíveis são ASTM (americana), AFNOR (francesa) e DIN (alemã). Além disso, o projetista pode criar a sua própria base de dados de materiais para a poder utilizar em conjunto com as bases de dados padrão. O projetista pode fazê-lo utilizando o programa de base de dados Primetals. Muitos materiais importantes e normas de projeto também são armazenados, tais como: programa de normas de tubos com base nas normas ANSI, ISO e DIN e projectos de normas de flanges com base nas normas ANSI, API e DIN.

O Teams também utiliza várias bases de dados que estão automaticamente disponíveis durante a execução do programa. Incluindo: custos de materiais, normas de materiais (por exemplo, métodos de compra, factores suplementares), normas de fabrico (por exemplo, dimensões máximas dos rolos, passos de resistência dos bicos, custos de mão de obra), comunicação de métodos para cada peça através da classificação de materiais. A classificação dos materiais, os factores que afectam o trabalho para qualquer tipo de aplicação.

O designer pode modificar a base de dados para reflitir os padrões de design e fabrico da empresa e os custos dos materiais. Para efetuar estas alterações, pode utilizar o programa Newcost.

Existem dois níveis de desenho no programa Teams, que são os desenhos de projeto (incluindo desenhos de instalação, desenhos de secções transversais, disposição de cabos de tubos e placas de tubos) e os desenhos de construção (incluindo desenhos de pormenor para todos os componentes). O Teams oferece muitas opções para criar os seus desenhos. Utilizando o programa de desenho, suporta vários ecrãs, plotters e impressoras a laser e também pode comunicar com muitos programas CAD e ficheiros DXF ou IGES comuns.

Programa de adereços

O Props é um programa que avalia as propriedades físicas e químicas a partir de três fontes possíveis:

- Base de dados Aspen B-jac

- Base de dados pessoal do designer, criada pelo programa Priprops

- Aspen properties plus (só pode estar disponível se for criada uma curva de equilíbrio vapor-líquido)

O projetista pode utilizar este programa como um programa independente para mostrar ou imprimir as caraterísticas de um componente ou de uma combinação de vários componentes. O projetista pode solicitar propriedades dependentes da temperatura num ponto de temperatura específico ou mesmo num número de temperaturas utilizando intervalos de temperatura específicos, e pode também solicitar que a curva de equilíbrio vapor-líquido seja apresentada.

O designer também tem acesso direto às bases de dados de outros programas Aspen B-jac, como o Hetran e o Aerotran. O mesmo método é usado em adereços em cada um desses programas. O banco de dados padrão B-jac contém mais de 1500 produtos químicos puros e compostos que são usados no processo químico, petróleo bruto (petróleo) e outras indústrias. O projetista pode obter cada componente pelo seu nome completo ou pela sua fórmula química.

A maioria dos componentes é armazenada com propriedades líquidas e gasosas, embora alguns sejam armazenados apenas com propriedades líquidas e os restantes apenas com propriedades gasosas. Cada propriedade dependente da temperatura para cada componente tem um valor de temperatura associado. O designer receberá um aviso quando tentar aceder a uma propriedade que esteja fora do intervalo de temperatura armazenado. Como opção, o projetista pode criar uma base de dados pessoal utilizando o programa Aspen B-jac chamado Priprops. Este programa permite-lhe guardar os seus dados na base de dados com o seu próprio nome e pode combinar qualquer componente da sua base de dados pessoal com os da base de dados B-jac.

Programa Qchex

O programa Qchex calcula o custo do orçamento para conversores de casco e tubo. Esta é a única versão autónoma dos métodos de estimativa de custos incorporados no programa de design térmico Aspen Hetran.

Estes métodos de estimativa de custos são um subconjunto dos métodos de estimativa de custos que fazem parte do programa Teams, estimativas detalhadas de custos e desenhos de conversores de casco e tubo. Enquanto o Teams realiza um projeto mecânico completo e simula a construção de cada componente, o Qchex realiza apenas um projeto mecânico parcial e estima a espessura de alguns componentes. Este programa simula a construção de alguns componentes e utiliza uma correlação mais prática para outros componentes.

O programa Qchex utiliza uma base de dados de custos de materiais e normas de fabrico. Esta é a mesma base de dados que a aplicação Teams utiliza. A base de dados pode ser alterada com a opção Custo. A precisão das estimativas obtidas com o programa Qchex depende de muitos factores, incluindo: os detalhes em que o permutador de calor é determinado, a quantidade de materiais necessários, o desvio da norma de fabrico, a necessidade de condições máximas de projeto, o uso de materiais desejáveis (ligas de qualidade), o grau de concorrência, o país ou região onde o permutador de calor é comprado ou instalado. Se o projetista tiver acesso às aplicações Qchex e Teams, pode utilizar a aplicação adequada com base nos seguintes critérios:

Utilizar o Qchex	Utilizar equipas
Quando é necessário um custo orçamental	quando é necessário um custo exato
Quando tem relativamente pouco conhecimento da composição exacta,	quando ele quer saber os pormenores exactos
Quando um projeto mecânico geral é suficiente	quando é necessário um projeto mecânico pormenorizado
Quando não são necessários os pormenores do trabalho e dos materiais	quando precisar dos pormenores da lista de materiais e de trabalhos

Programa Ensea

O Ensea é um programa que projecta a localização de orifícios e condutas de tubos na placa de tubos do permutador de calor de casco e tubo. Este programa cobre praticamente todos os tamanhos e configurações exigidos na indústria de trocadores de calor. Para além de determinar a localização dos furos, o programa determina a localização dos cortes do deflector e o número apropriado de tirantes.

Este programa tem três métodos de otimização, que são:

- Maximizar o número de tubos para um determinado diâmetro de concha.

- Otimização da disposição para um diâmetro específico do casco e número de tubos.

- Minimização do diâmetro do casco para um determinado número de tubos.

A disposição pode ser simétrica de cima para baixo ou assimétrica, que é sempre simétrica da direita para a esquerda. Para layouts multipasse, o programa possui um método avançado de otimização que move as partições de passe para maximizar o número de tubos enquanto equilibra razoavelmente o número de tubos por passe. O programa Ensea tem muitas capacidades para organizar tubos em forma de U. O programa determina a tabela de curvas em U, mostra o número e o comprimento de cada tubo em U e calcula o comprimento total de todos os tubos.

As secções apropriadas do TEMA padrão estão integradas no programa para fornecer valores predefinidos para a ordenação. Os valores padrão podem ser substituídos, se desejado. Como parte da saída do programa Ensea, o projetista pode criar um desenho do layout da placa do tubo que pode ser enviado para várias ferramentas gráficas e sistemas de código (CAD).

O programa Ensea também oferece a possibilidade de alterar o número de linhas de tubos e o número de tubos em cada linha, ou se o arranjo da placa de tubos estiver disponível, o arranjo pode ser refeito e o desenho pode ser feito especificando os dados da linha de tubos. O programa Ensea contém os mesmos métodos de disposição da placa de tubos que são usados no programa de projeto térmico Hetran e no programa de projeto mecânico Teams. Portanto, a disposição da placa tubular determinada pelo programa Ensea está em harmonia com o número de tubos usados no programa Hetran, que é usado no modo de projeto.

Programa de metais

Metais é um programa que analisa as propriedades dos materiais utilizados na construção de vasos de pressão. Este programa inclui uma vasta gama de metais puros e ligas em muitas formas diferentes (por exemplo, tubo, placa, peça de forno). Inclui também materiais não metálicos sob a forma de anilhas.

O programa Metals tem acesso à base de dados de materiais. Esta é a base de dados obtida a partir do programa de conceção mecânica Teams e dos programas de conceção térmica Hetran e Aerotran. A base de dados está dividida em várias secções com base na norma do material ou no país principal, por exemplo: ASTM para materiais americanos, AFNOR para materiais franceses, DIN para materiais alemães. O projetista pode determinar o material de que necessita utilizando o quarto dígito do representante do material B-jac. Existem também dois números gerais que representam o material que pode ser utilizado nos programas Hetran, Aerotran e Teams. Esses identificadores gerais de material referem-se ao material geral (por exemplo, aço carbono), e não a uma classe específica de material. Este programa decide qual o material específico a utilizar com base no tamanho e no tipo de material. O projetista pode determinar quais os materiais específicos a utilizar para as tarefas gerais de material utilizando a base de dados Defmats.

Os dados dependentes da temperatura (por exemplo, pressão admissível) são armazenados sob a forma de atributos de dados correspondentes aos dados assumidos na fonte. Para temperaturas nos dados armazenados, o programa será executado, e para temperaturas fora dos dados armazenados, o programa retornará a zero.

A base de dados também inclui informação de custo armazenada numa base de preço por unidade de peso (por exemplo, $/b ou $/kg), exceto para o tubo, que é armazenado num preço por unidade de comprimento (por exemplo, $/ pé ou $/m) para 19,05 mm OD, 1,65 mm de espessura de tubo. As informações de custo podem ser alteradas usando a base de dados de custos. O programa Metals analisa as propriedades dependentes da temperatura dentro do intervalo de temperatura especificado pelo projetista na entrada. O projetista também pode usar o programa Metals para pesquisar um nome ou classe de material específico (por exemplo, SA-240) e, se estiver usando um material que não está disponível no banco de dados padrão B-jac, ele pode criar seu próprio banco de dados. Construir com a aplicação Primetals.

Aplicação Primetal

O Primetal é um programa que permite aos projectistas criar a sua própria base de dados de materiais que complementa a base de dados Metals existente.

Os materiais podem estar na forma de placas, tubos, peças de forno, acoplamentos, páginas e arruelas. Quando o projetista determina o nome do material e salva as propriedades do material, ele pode usar o novo nome do material em qualquer um dos programas Aspen B-jac onde nomes de materiais específicos são permitidos.

O programa Primetal oferece as seguintes funções:

- Adicionar material.

- Modificação das propriedades dos materiais.

- Remoção de material.

- Exibir ou imprimir a lista de materiais.

- Visualizar ou imprimir as propriedades do material.

Este programa não necessita de um ficheiro de dados de entrada, porque todos os dados são armazenados na base de dados. O projetista especifica os dados de entrada diretamente na aplicação Primetal no momento da utilização. As informações de entrada podem ser especificadas em qualquer uma das unidades US, SI ou métricas e estão divididas em três categorias: nomes, caraterísticas fixas e caraterísticas dependentes da temperatura.

Os nomes são:

- Nome completo (até 78 letras).
- Nome curto (até 39 letras) para a saída do projeto mecânico.
- Nome muito curto (até 24 caracteres) para a lista de materiais.

As caraterísticas fixas incluem:

- Classe e tipo de material.
- Preço e prevalência.
- Quantidade equivalente de material para tubo, placa, peça de forno, acoplamento.
- Densidade.
- Espessura mínima.
- O número de pi e o número de grupos.
- Tabela de pressão externa.
- Tensão mínima.

- Espessura máxima para a imunidade aos raios X.
- Rácio de Poisson.
- Diâmetro mínimo e máximo válidos.

As caraterísticas dependentes da temperatura incluem:

- Condutividade térmica.
- Pressão admissível.
- Coeficiente de expansão térmica.
- Módulo de elasticidade.
- Intensidade da pressão.
- Resistência à tração.

Programa Newcost

Newcost é um programa de manutenção de banco de dados projetado para editar e imprimir listas de arquivos de custo de mão de obra e material associados aos programas Aspen B-jac que mostram estimativas de custo.

B-jac fornece um banco de dados padrão para cada versão do programa. Quando o designer faz uma alteração no banco de dados, suas alterações invalidam todos os valores no banco de dados padrão. Para começar a trabalhar no banco de dados Newcost, o designer deve primeiro alterar seu ramo de trabalho para onde deseja que o banco de dados modificado seja implantado. Esta pode ser a pasta Aspen B-Programs ou outras subpastas do utilizador. Quando o designer faz uma alteração usando o programa Newcost, as alterações são sempre guardadas no seu ramo atual. Desta forma, é possível criar bases de dados separadas em diferentes ramos, que reflectem diferentes requisitos de custos para diferentes planos e propostas.

O programa Newcost permite o acesso a 6 bases de dados diferentes, que incluem

1. Custo global e adaptação do trabalho.

2. Normas de construção e de aplicação.

3. Normas de materiais relacionadas com a construção.

4. Normas de soldadura.

5. Factores de eficácia do trabalho.

6. Custos dos materiais.

Referência

1- Conceção de conversores industriais com ASPEN B-JAC, Autores: Engenheiro Gholamreza Baghmisheh, Engenheiro Masoumeh Muradzadeh, Engenheiro Reza Darshti, Engenheiro Seyed Mehdi Hedayatzadeh.

2- Projeto de permutadores de calor com ASPEN HHFS +, da autoria de: Engenheiro Abolfazl Javauni.

3- Permutadores de calor, escrito por: Sadik Kakac, Hongtan Liu, traduzido pelo Dr. Sepehr Sanyaat.

4- Fundamentals of Heat Exchanger Design, escrito por: Ramesh K. Shah, Dusan P. Sekulic.

5- Heat Exchanger Design Handbook, escrito por: E U Schlunder.

6- Sajjad Porgar, Leila Vafajoo, Dr. Hafiz Muhammad Ali, Effects of Key Parameters on Nanofluid Thermal Performance in Heat Exchangers, , Chemical Engineering Technology, janeiro de 2023, https://doi.org/10.1002/ceat.202200527

7- Sajjad Porgar, Hakan F. Oztop, Somayeh Salehfekr, A comprehensive review on thermal conductivity and viscosity of nanofluids and their application in heat exchangers, Journal of Molecular Liquids, Volume 386, 2023, 122213, ISSN 0167-7322, https://doi.org/10.1016/j.molliq.2023.122213.

8- Sajjad Porgar, Leila Vafajoo, Nader Nikkam e Gholamreza Vakili Nezhaad. 2021. Estudos físico-químicos de MWCNT funcionalizado / nanofluido de óleo de transformador utilizado em um trocador de calor de tubo duplo. *Jornal Canadiano de Química*. **99**(6): 510-518. https://doi.org/10.1139/cjc-2020-0297.

Printed by Books on Demand GmbH, Norderstedt / Germany